本书受中国艺术研究院基本科研业务费项目资助

文艺创作『高峰』问题研讨集

中国艺术研究院科研管理处编

文化艺术出版社
Culture and Art Publishing House

图书在版编目（CIP）数据

文艺创作"高峰"问题研讨集 / 中国艺术研究院科研管理处编. -- 北京 : 文化艺术出版社, 2019.12
ISBN 978-7-5039-6816-7

Ⅰ. ①文… Ⅱ. ①中… Ⅲ. ①文艺评论—中国—当代—文集 Ⅳ. ①I206.7-53

中国版本图书馆CIP数据核字（2019）第237158号

文艺创作"高峰"问题研讨集

编　　者　中国艺术研究院科研管理处
责任编辑　齐大任
书籍设计　赵　矗
出版发行　文化艺术出版社
地　　址　北京市东城区东四八条52号（100700）
网　　址　www.caaph.com
电子邮箱　s@caaph.com
电　　话　（010）84057666（总编室）84057667（办公室）
　　　　　（010）84057696-84057699（发行部）
传　　真　（010）84057660（总编室）84057670（办公室）
　　　　　（010）84057690（发行部）
经　　销　新华书店
印　　刷　国英印刷有限公司
版　　次　2019年12月第1版
印　　次　2019年12月第1次印刷
开　　本　787毫米×1092毫米　1/16
印　　张　12.25
字　　数　160千字
书　　号　ISBN 978-7-5039-6816-7
定　　价　58.00元

目　录

CONTENTS

“高原”与“高峰”（代序）

韩子勇

2014年10月15日，习近平总书记主持文艺工作座谈会并发表重要讲话。讲话中，习近平总书记指出“文艺创作存在着有‘高原’缺‘高峰’的现象”。这一振聋发聩的提问，引发文艺工作者的诸多省思，也擂响了攀登文艺高峰的征鼓。

2018年7月，我到中国艺术研究院工作后，一直想着怎样发挥好中国艺术研究院作为最高艺术研究机构的优势，围绕中央要求和重大现实问题，列出一些重点研究课题，集中力量开展研究。比如，文艺“高峰”问题、“创造性转化和创新性发展”问题、“文明互鉴”问题、“人类命运共同体”问题、艺术领域中国特色的“学科体系、学术体系、话语体系”建设问题、“一带一路”艺术交流问题，等等。

2019年3月6日，中国艺术研究院召开“文艺高峰问题座谈会”。大家准备充分，讨论真诚热烈，从不同角度、不同专业，总结古今中外文艺发展史的经验，剖析当下文艺发展的状态，提出意见和建议。这本小书，就是这次座谈讨论后，大家意犹未尽，各自深化细化发言主题的初步成果。

我感到，习近平总书记提出的文艺“高峰”问题，是个有深度、有难度、有现实意义的研究课题。特别是放在历史与今天、文艺与社会、文艺发展与创作规律、不朽之作的内在标准、体制机制与政策措施、社会传播与接受美学等研究视野里，都会与这个话题发生联系。这不是一个容易回答的问题，需要进行持续深入的研究。

沿着习近平总书记关于“高原”和“高峰”这个形象化的比喻，我在想，“高原”和“高峰”绝非可以短时间堆垒而成，也不要指望从天而降，它是以亿年为纪的伟大的地球力量使然，是地球板块持续运动和撞击的结果。那些伟大的“造山运动”，只发生在不同板块的锋面，一端的板块狠狠地插入另一端的板块的地幔深处，另一端的板块高高扬起，形成崇高的山系。这些伟大的山系，往往以隆起的高原为巨大的底座，在漫漫高原的底座中心，一定会耸立着连绵不绝的高峰，也因此，真正的高峰都不是孤峰，它有众多可以比肩的兄弟，从而形成团结壮丽、向上升腾的景象。我们可以直接看到的是群峰巍峨，我们看不到的是地球板块运动和撞击的地质力量。

文艺发展史上的“高原”和“高峰”，也可以当此理解。

推动形成文艺“高原”和“高峰”的那些力量，从根本上说，是来自国家、民族和时代的力量。那些看上去仿佛出自个人之手、团队之手的一部部文艺作品，如果是“高原”和“高峰”，一定是对接、传递、参与、借助并以高超的文艺才华，深刻感受和充分反映了国家、民族和时代力量的作品。国家、民族和时代的力量，或早或晚，一定会选出它最佳的代言人，借腹生子，作为自己在文艺上的形象和表征。

一些文艺作品之所以会成为时代经典，能够穿越时间的枪林弹雨，为一代代后人所铭记、传诵，从而进入不朽杰作的行列，人们习惯于从创作这些文艺作品的文艺家个人身上寻求奥秘。其实，在看到群峰壮丽的同时，更应该看到伟大的造山力量，看到国家、民族和时代的力量。文艺作品不朽的灵光，来自孕育她的“母亲”，更来自那个仿佛无形的、不容易发现的但可能更为关键的“父亲”。文艺家只有深深地卷入时代洪流，深入生活的第一线、最前沿，如同那些崛起的伟大山系，在板块撞击最猛烈、最短兵相接的锋面中“受孕”，才可能诞生出具有传奇生命的巨子。

纵观古今中外的文艺发展史，文艺作品高峰迭起，往往与如下社会历史有关。

一是国家、民族、人民面临巨大挑战或生死存亡的关键之际。历史不是平均分配的，历史也有峡谷、湍流，也有置之死地而后生的夺路而出。在这时，社会的方方面面会激发出巨大的物质与精神力量，参与到全方位的应战当中。优秀的文艺家当然不会置身事外，而是冲锋陷阵到最前沿，用自己的作品凝聚民族和人民的力量，成为时代精神的化身。

二是开放的盛世。“星垂平野阔，月涌大江流。”开放带来海纳百川，不同文化和文明的撞击，会激起文学艺术的涟漪和巨浪。文明互鉴、文化融合，会发生奇妙的化学变化，极大地解放人们的心灵，为文学艺术的创造开辟前所未有的空间和可能，带来骤然绽放的创新和变化。而盛世的优裕、宽容和自信，会在文化冲突和融合中确立坚定的主体地位，在这时，消化和转化能力最为强大，生命力和创造力最为旺盛。

三是社会发展进步、变革变化的力量最为丰沛的时代。和停滞、封闭、沉闷、缓慢，似乎已经凝固的历史时间相比，技术的进步、生产力的飞跃、生产关系的变革变化、整个社会的日新月异，会带来一种历史速度、一种时代激情、一种强烈的全社会的憧憬和希望感。一时间历史和时代仿佛换挡进入加速度，踏入了青春岁月，充满了力量、跳跃和变化。在这时，受到时代刺激和激励的文学和艺术，经受更多的阳光雨露，也会成长得更加繁荣茂盛和多姿多彩。

我不及枚举更多更具体的情况，只是感到，文艺的“高原”和“高峰”的出现，可能具有滞后性，可能在尘埃落定、大浪淘沙之后。同时，高原和高峰，往往人迹罕至，并不容易得见和识别，需要距离和时间，需要耐心和韧性。文艺创作是历史力量和时代精神的沉淀。他是风之子，扶摇直上，冲在最前面；他可能也是殿后的那个人，聚沙成塔，集腋成裘，默默清扫巨大的历史留出的空场。

总之，文艺“高峰”问题，充满了人类历史和心灵的渊薮。要看懂他，并不容易。但愿这本小书，能启发同行的探究热情，吸引更多人的讨论，并对当下的文艺创作有所帮助。

2019 年 10 月 14 日

（韩子勇　中国艺术研究院院长）

马克思、恩格斯为什么喜欢巴尔扎克

——关于文艺“高峰”问题的思考

鲁太光

引　言

《在文艺工作座谈会上的讲话》中，习近平总书记在对改革开放以来我国文艺创作取得的成绩高度肯定的同时，也指出了存在的诸多问题。在这些问题中，首当其冲的就是文艺创作“有数量缺质量，有‘高原’缺‘高峰’”。由此，“文艺高峰”问题浮出历史地表，成为文艺界、理论界乃至社会各界关注的重要问题。在笔者看来，“文艺高峰”问题不仅仅是一个现实问题，即如何创造条件，呼唤、激发文艺家的创作热情与艺术才能，创作出大量文艺精品，甚至“高峰”之作，为中国特色社会主义新时代赋形、赋能，使中国故事、中国声音、中国形象以更好的方式存留下来，传播开去，进入人心。“文艺高峰”问题更是一个重要的理论命题。古今中外文艺史上的一些现象就是这一理论命题的鲜活证据。比如，为什么有的时候我们的文艺史上高峰并举，蔚为大观，就像“盛唐气象”？比如，为什么有的时候我们的文艺史上名家名作极少，甚至一枝独秀，就像清中期的《红楼梦》？比如，为什么有的民族、国家名家辈出，高峰绵延，就像俄罗斯文艺的高空中，不仅有普希金这样辉煌灿烂的太阳，还有诸如托尔斯泰、陀思妥耶夫斯基、果戈理、高尔基、肖洛霍夫等璀璨的巨星，长久地照耀着、滋养着自己的民族、人民，甚至成为整个人类的文明遗产，而有的民族、国家的文艺星空则暗淡得多、贫乏得多？这一系列问号，都需要经过精细的理论探讨，才有可能得到正确的回答，或者部分正确的回答。因此，有必要结合中外文艺史对“文艺高峰”问题进行多维探讨，以为“文艺高峰”绘制一幅理论坐标，把通向“文艺高峰”所需的坐标点标示出来，为当下的文艺创作、研究提供参考。

基于这一目的，笔者在本文中着力探讨文艺高峰与时代的关系问题。笔者认为，要想创作优秀的文艺作品，甚至“高峰”之作，需要满足两个条件：一个充分条件，一个必要条件。充分条件是必须深入观察时代、研究时代，从而抓住社会本质，或者说时代精神。必要条件是，抓住社会本质或时代精神后，还必须为其找到最合适的形式。不过，抽象的理论问题最好从平易的事实出发。因此，我将从对巴尔扎克及其作品的解读出发，或者说，从我的一个困惑——马克思、恩格斯为什么那么喜欢、重视巴尔扎克——出发，开始这个问题的探讨。

一

在《评普鲁士最近的书报检查令》中，马克思有这样一段话：“你们赞美大自然令人赏心悦目的千姿百态和无穷无尽的丰富宝藏，你们并不要求玫瑰花散发出和紫罗兰一样的芳香，但你们为什么却要求世界上最丰富的东西——精神只能有一种存在形式呢？我是一个幽默家，可是法律却命令我用严肃的笔调。我是一个激情的人，可是法令却指定我用谦逊的风格。没有色彩就是这种自由唯一许可的色彩。”①

这段话，是批评当时的《普鲁士书报检查令》的，有极强的现实针对性，但也隐约透露了马克思的美学趣味，更具体地说，他的文艺趣味。从这段话中，可以看得出来，马克思的文艺观是比较开放、多元的，对“精神”的一

① 《马克思恩格斯全集》(第1卷)，人民出版社1956年版，第7页。

切有益的“形式”，他都是愿意亲近、接受、欣赏的。

相关回忆录和相关资料，也印证了这一点。苏联著名的马克思主义文艺理论家里夫希茨就曾指出，“马克思读过许多种语言的文学作品，包括俄语的在内。他对文学史方面的学术著作也很感兴趣”[①]。他还进一步指出，“马克思的文学兴趣同他的历史哲学十分和谐一致。经常阅读埃斯库罗斯的作品以及马克思一家对莎士比亚的崇敬，是高度评价过去古典艺术形式的自然结果，这种评价同马克思主义的历史世界观是分不开的。对但丁的研究也属于这种情况；据同时代人的介绍，马克思对《神曲》熟得几乎可以背诵。在当代文学方面，瓦尔特·司各特的历史小说很得他的好感”[②]。对于像狄更斯、萨克雷、勃朗特女士、加斯克耳夫人、查理·利维尔等作家的创作，马克思也曾予以密切关注，他在为《纽约每日论坛报》所写的文章中如是评价这些作家：“现代英国的一批杰出的小说家，他们在自己的卓越的、描写生动的书籍中向世界揭示的政治和社会真理，比一切职业政客、政论家和道德家加在一起所揭示的还要多。”[③] 马克思同样非常喜欢 18 世纪的作家作品，对歌德、海涅等大家的作品，他更是耳熟能详，时常引用。

如果把马克思评价、引用的作家列一个名录，这个名录肯定不会很短，这显示了马克思开阔的艺术视野和开放的美学趣味。不过，应该强调的是，尽管趣味多元，马克思对文艺的要求却是十分严格的，这不只是说他对文艺的社会功能要求极高，他的审美感受极其敏锐。他所谈论的作家，不是名扬世界的古典文豪，就是别具一格的当代大家，就很能说明问题。如果看看他对具体作家作品的评论，比如他对欧仁·苏的长篇小说《巴黎的秘密》的评

① [苏]里夫希茨：《马克思论艺术和社会理想》，吴元迈译，人民文学出版社 1983 年版，第 271 页。

② [苏]里夫希茨：《马克思论艺术和社会理想》，吴元迈译，人民文学出版社 1983 年版，第 271 页。

③ [苏]里夫希茨：《马克思论艺术和社会理想》，吴元迈译，人民文学出版社 1983 年版，第 272 页。

论，就更能显示出这一点来。

欧仁·苏（1804—1857）是19世纪法国小说家，他早期写过一些以海上生活为题材的惊险小说。从19世纪30年代末起，他转向社会生活、历史生活，开始写作“社会问题”小说，逐渐蜚声法国文坛，代表作《巴黎的秘密》更是轰动一时，连巴尔扎克也无法与其争锋。[①] 这部小说先是在法国的《评论报》上连载，从1842年6月到1943年10月，连载了一年多。稍后以多卷本形式出版，全书150多万言。小说在报上连载时，就轰动了整个巴黎，并引起其他国家的注意，作品被译成英、德、意、荷、比几国文字出版。《巴黎的秘密》在德国也引起了较大反响，当时的“青年黑格尔派”就以布鲁诺·鲍威尔主编的《文学总汇报》为主阵地，高度评价并极力推介它。《巴黎的秘密》也引起了当时在英国的恩格斯的注意，他在1844年1月写的《大陆上的运动》中曾如是评价这部小说：“欧仁·苏的著名小说《巴黎的秘密》给舆论界特别是德国的舆论界留下了一个强烈的印象：这本书以明显的笔调描写了大城市的‘下层’等级所遭受的贫困和道德败坏，这种笔调不能不使社会关注所有无产者的状况。正像《文学总汇报》这个德国的《泰晤士报》所说的，德国人开始发现，近10年来，在小说的性质方面发生了一个彻底的革命，先前在这类著作中充当主人公的是国王和王子，现在却是穷人和受轻视的阶级了，而构成小说内容的，则是这些人的生活和命运、欢乐和痛苦。最后，他们发现，作家当中的这个流派——乔治·桑、欧仁·苏、查·狄更斯就属于这一派——无疑的是时代的旗帜。”[②] 可见，恩格斯对欧仁·苏的高度肯定。

---

① 1842年，巴尔扎克的《阿尔贝·萨瓦吕斯》问世后，遭遇一片冷落之声，而此前他却是读者的宠儿。作为对比，安德烈·莫洛亚说：“眼下连载小说的新霸主是欧仁·苏。全国上下都在等待《巴黎的秘密》的续篇。”参见［法］安德烈·莫洛亚：《巴尔扎克传：普罗米修斯或巴尔扎克的一生》，艾珉、俞芷倩译，浙江大学出版社2014年版，第459页。

② 《马克思恩格斯全集》（第1卷），人民出版社1956年版，第594页。

以笔者的阅读体验看，恩格斯显然高估了《巴黎的秘密》[①]。在他的评论中，除了对小说描写对象的变化，以及这一变化的革命意义——穷人开始登上小说的历史舞台——的总结十分正确且极具理论眼光外，其他的说法，很难说是准确的，尤其是他将欧仁·苏与乔治·桑、查·狄更斯并列，把他们看成"时代的旗帜"，更是欠妥。因为整体来看，欧仁·苏的小说大致应该算是通俗文学，小说情节离奇、故事曲折、人物传奇，虽涉及大量社会现实，也在一定程度上揭露了当时的阴暗面，但很难说有什么深度，有点类似我国晚清的"谴责小说"，因而，以鲁迅对"谴责小说"的评价来定位它，似无不妥，即"其在小说，则揭发伏藏，显其弊恶，而于时政，严加纠弹，或更扩充，并及风俗。虽命意在于匡世，似与讽刺小说同伦，而辞气浮露，笔无藏锋，甚且过甚其辞，以合时人嗜好，则其度量技术之相去亦远矣"[②]。

大概是由于这个原因，再加上以布鲁诺·鲍威尔为核心的"青年黑格尔派"竭力通过对《巴黎的秘密》的阐释来传播自己的主观唯心主义哲学，马克思才在《神圣家族》中对其进行了毫不留情的批判。马克思不仅指出了这部小说在实践意义上的落后乃至反动，即以宗教的、神学的、道德的、理念的方式"批判"社会，其结果只能是自欺欺人，用马克思的原话说就是："道德就是'行动上的软弱无力'。它一和恶习斗争，就遭到失败。"[③]而且还指出了这部小说美学上的失败，其最明显的表现就是小说主人公鲁道夫在道德与精神上的分裂，按照欧仁·苏的本意，按照"青年黑格尔派"的阐释，或者按照鲁道夫自己对自己的评价，他是"天使"，"他降临人世，以便从义人中把恶人分别出来，奖赏善人，惩罚恶人"。[④]然而，在马克思看来，"鲁道夫

① 恩格斯后来修正了自己的看法，他和马克思合写的《神圣家族》是对"青年黑格尔派"进行清算的，其中第五、第八两章对《巴黎的秘密》进行了严厉批评，这两章是马克思写的，但毫无疑问，二人统一过意见。

② 《鲁迅全集》(第9卷)，人民文学出版社2005年版，第291页。

③ 《马克思恩格斯全集》(第2卷)，人民出版社1957年版，第255页。

④ 《马克思恩格斯全集》(第2卷)，人民出版社1957年版，第258页。

的整个性格完全表现为一种‘纯粹’的伪善，正因为这样，所以他竟可以当自己的面和别人的面，巧妙地把自己的邪恶的情欲的发泄描述为对恶人的情欲的愤怒”[①]。这一切都体现在他对“校长”、萨拉·麦克格莱哥尔伯爵夫人以及雅克·弗兰的所作所为中：对“校长”，他设计捕获了他，以拯救灵魂的名义，用私刑弄瞎了他的眼睛，而后又让他杀死自己的同谋“猫头鹰”。对萨拉·麦克格莱哥尔伯爵夫人，在揭开了玛丽花是他自己和伯爵夫人的女儿这个秘密后，他激愤如狂，折磨她，诅咒她，当濒死的萨拉祈求他的怜悯时，这个“天使”竟恶狠狠地说：“死就死吧，该死的东西！”当他知道雅克·弗兰对玛丽花之死负有罪责时，他就要去杀死他！对自己与伯爵夫人的私生女玛丽花，看上去他是无比的仁慈、善良，可实际上，却是无比的残忍、邪恶。鲁道夫把她从酒吧间“拯救”出来，先是送到他的“模范农场”——在这里，她过了一段恬静的日子，后来又转送到修道院去。跟玛丽花以前出没的酒吧间相比，她这是从一种“野蛮的”非人的境遇中转到一种“文明的”非人的境遇中去了。在这里，她的“富于人情的性格”即将结束——以前这个“在最不幸的环境中还知道在自己身上培养可爱的人类个性，在外表极端屈辱的条件下还能意识到自己的人的本质是自己的真正本质”[②]的美丽姑娘，现在却只能在“基督教的磔刑”下不断丧失自己“可爱的人类个性”与“真正本质”，直至郁郁而终。经由马克思的剖析，鲁道夫人格上的内在分裂，从而表现在《巴黎的秘密》美学上的内在分裂一目了然，可马克思还不忘指出，“使鲁道夫能够实现其全部救世事业和神奇治疗的万应灵丹不是他的漂亮话，而是他的现钱。”[③]由此，这部小说道德上的伪善、思想上的落后令人一览无余。

实际上，不只是对欧仁·苏，对其时代的其他作家，比如斐迪南·拉萨尔，马克思对他们的作品也都从历史的与美学的角度提出了批评。不过，却

① 《马克思恩格斯全集》(第2卷)，人民出版社1957年版，第261页。
② 《马克思恩格斯全集》(第2卷)，人民出版社1957年版，第223页。
③ 《马克思恩格斯全集》(第2卷)，人民出版社1957年版，第31页、第255页。

有一个例外：马克思对与他同时代的法国批判现实主义作家巴尔扎克格外青睐。[①] 据马克思的女婿、杰出的马克思主义思想家和宣传者拉法格所言，在世界上所有的小说家之中，马克思最推崇塞万提斯和巴尔扎克。将巴尔扎克与塞万提斯并列，这已经够重视了，但据拉法格回忆，马克思还“曾经计划在一完成自己的政治经济学著作之后，就要写一篇关于巴尔扎克的卷帙浩繁的《人间喜剧》的文章”[②]。由于主要致力于研究人类社会，特别是资本主义的政治经济学秘密，马克思虽然非常关注文艺，专论却很少。由此可见，虽然由于种种原因他关于巴尔扎克《人间喜剧》的专论并未写成，但这个写作计划本身就足以显示出他对巴尔扎克的重视。

二

与马克思一样，恩格斯对巴尔扎克也是高度重视，几乎将其作品视作现实主义的典范，甚至以其创作为依据展开自己关于现实主义文艺创作的理论阐释。在《致玛格丽特·哈克奈斯》中，恩格斯提出现实主义的意思是“除细节的真实外，还要真实地再现典型环境中的典型人物”后，就以咏叹调一样的词句称赞巴尔扎克，认为他是“比过去、现在和未来的一切左拉都要伟大得多的现实主义大师”，认为他的创作是“现实主义的最伟大的胜利”[③]。如果阅读过恩格斯相关的文艺论述，就会发现他对巴尔扎克是多么的重视——相比于马克思，恩格斯论文艺的文字相对多一些，可在这些文字中，批评占了绝大多数，即使对歌德这位德国文艺巨匠，他也没有这么尊重，这么喜欢，

---

① 马克思生于 1818 年 5 月 5 日，逝世于 1883 年 3 月 14 日；巴尔扎克生于 1799 年，逝世于 1850 年 8 月 18 日。巴尔扎克比马克思早出生 19 年，早离世 32 年多。他们二人有 32 年重叠时间，是真正的同时代人。

② ［苏］里夫希茨：《马克思论艺术和社会理想》，吴元迈译，人民文学出版社 1983 年版，第 273 页。

③ 《马克思恩格斯文集》（第 10 卷），人民出版社 2009 年版，第 571 页。

这么不遗余力地褒扬。在《诗歌和散文中的德国社会主义》一文中，在对卡尔·格律恩《从人的观点论歌德》进行批评时，他就捎带着对歌德进行了严厉批评，认为他“对当时的德国社会的态度是带有两重性的”，“在他心中经常进行着天才诗人和法兰克福市议员的谨慎的儿子、可敬的魏玛的枢密顾问之间的斗争；前者厌恶周围环境的鄙俗气，而后者却不得不对这种鄙俗气妥协，迁就。因此，歌德有时非常伟大，有时极为渺小；有时是叛逆的、爱嘲笑的、鄙视世界的天才，有时则是谨小慎微、事事知足、胸襟狭隘的庸人。”[①]借用时下的一句话，没有对比就没有伤害。略微熟悉巴尔扎克作品及其生平的人，就会知道，巴尔扎克对当时法国社会的态度同样是“具有两重性的”，他曾直言自己是在“宗教和君主政体两种永恒真理的引导之下”写作，并呼吁“凡是有良知的作家都应该力图把我们的国家重新引回到这两条大道上去”[②]。这难道不够鄙俗、狭隘、平庸、落后吗？可是，恩格斯却认为由于秉持艺术上的现实主义精神，巴尔扎克不仅克服了自己的“阶级同情和政治偏见”，而且还“在当时唯一能找到未来的真正的人的地方看到了这样的人”[③]。可实际上，尽管巴尔扎克在小说中对他倾慕的“贵族男女”给予了空前尖刻的嘲讽，但我们很难说他克服了自己的“阶级同情和政治偏见”，也很难说他“看到”了为未来社会所需要的“真正的人”。在晚年的长篇小说《农民》中，他对贵族依然充满同情，对农民也不乏偏见。

由此可见，相较于对巴尔扎克的态度而言，恩格斯对歌德的批评可能是正确的，但不一定是公平的。由此，一个重要问题浮现出来：马克思、恩格斯为什么如此重视并高度评价巴尔扎克其人其作？

固然，恩格斯在《致玛格丽特·哈克奈斯》中说得都有道理，巴尔扎克在《人间喜剧》里给我们“提供了一幅法国‘社会’，特别是巴黎上流社会的

---

① 《马克思恩格斯文集》（第 4 卷），人民出版社 2009 年版，第 256 页。
② ［法］巴尔扎克《人间喜剧》“前言”，载伍蠡甫、胡经之主编《西方文艺理论名著选编》（中卷），北京大学出版社 1986 年版，第 113 页。
③ 《马克思恩格斯文集》（第 10 卷），人民出版社 2009 年版，第 256 页。

无比精彩的现实主义历史”，而且，他还“围绕着这幅中心图画”，“汇编了一部完整的法国社会的历史”，恩格斯（包括我们）“从这里，甚至在经济细节方面（诸如革命以后动产和不动产的重新分配）所学到的东西，也要比从当时所有职业的史学家、经济学家和统计学家那里学到的全部东西还要多”[①]。然而，说老实话，仅有这些，不仅不足以让马克思、恩格斯给予巴尔扎克这么高的评价，甚至难以说服我们，因为这些内容，在马克思、恩格斯所批评的诸如《巴黎的秘密》《城市姑娘》《旧人与新人》等作品中都有所涉及，尽管这些作家的笔不如巴尔扎克那么神奇有力，不如他写得那么活色生香。因此，我们必须从另外的地方入手，寻找答案。

三

关于这个问题，拉法格的说法可供参考。在他看来，马克思、恩格斯之所以如此重视巴尔扎克，是因为“巴尔扎克不仅是当代社会生活的历史家，而且是一个创造者，他预先创造了在路易－菲利普王朝时还不过处于萌芽状态，而直到拿破仑第三时代，即巴尔扎克死了以后才发展成熟的典型人物”[②]。拉法格的说法很有意思，也很有启发。比如，在《驴皮记》（1831）中，拉法埃尔那放浪的朋友就曾发出过如下看似癫狂却又无比真实的议论：“政府，也就是银行家和律师们的新贵族政权机构，今天他们利用祖国，就像过去教士们利用君主专制政权。他们觉得有必要利用新字眼和旧思想来迷惑善良的法国民众，就像各派哲学家和各个时代的当权人物所做的那样。问题就在于要给我们造成一种声势浩大和全国一致的舆论，从而给我们证明：给由某某先生所代表的祖国缴纳十二亿法郎三十三生丁的税，要比给只说我而不说我们

① 《马克思恩格斯文集》（第10卷），人民出版社2009年版，第570—571页。
② ［苏］里夫希茨：《马克思论艺术和社会理想》，吴元迈译，人民文学出版社1983年版，第273页。

的国王缴纳十一亿法郎九生丁的税更为幸福得多。”① 无须多引，仅这一段话，就可窥察到巴尔扎克对当时法国社会，尤其是统治阶层本质的认识是多么透彻，他的批判又是多么的不留情面！

再看看马克思的说法。在《路易·波拿巴的雾月十八日》（1852）中，马克思如是说：“新的社会形态一形成，远古的巨人连同复活的罗马古董——所有这些布鲁土斯们、格拉古们、普卜利科拉们、护民官们、元老们以及恺撒本人就都消失不见了。冷静务实的资产阶级社会把萨伊们、库辛们、鲁瓦耶－科拉尔们、本杰明·贡斯当们和基佐们当作自己真正的翻译和代言人；它的真正统帅坐在营业所的办公桌后面，他的政治首领是肥头肥脑的路易十八。”② 对比一下马克思与巴尔扎克的话，就会发现，除了具体修辞不一样，所指完全一样。他们对其典型人物刻画之传神、对其修辞记录之真实，令人叹为观止。

值得注意的是，这两段话的写作时间前后相距 20 多年，可见拉法格所言不虚——巴尔扎克“预先创造”了 19 世纪法国社会的“典型人物”。不过问题随之而来：巴尔扎克是怎样“预先创造”的呢？

笔者以为，巴尔扎克能做到这一点，首先是因为他深刻地认识到了他所处时代的本质。巴尔扎克生于 1799 年，去世于 1850 年，经历了 19 世纪前半叶的法国社会。在这 50 多年的时间里，由于现代工业的逐步建立和资本主义的成长，整个法国社会经历了空前深刻的变化。资产阶级凭借着强大的经济实力和空前的精明，逐渐挤占了封建阶级的地位，并一步步巩固了自己的统治。巩固了自己的统治后，他们就开始了对劳动阶层的压榨。自然，劳动阶层也在大规模地成长着，他们对资产阶级这一新统治者的不满也日益积聚。因而，当时的法国社会，空前地活跃，空前地复杂，空前地具有“文学性”。如此丰

① ［法］巴尔扎克：《人间喜剧》（第 20 卷），黄晋凯、王文融、陆秉慧等编校，人民文学出版社 1994 年版，第 50—51 页。
② 《马克思恩格斯文集》（第 2 卷），人民出版社 2009 年版，第 471—472 页。

富、生动、炫目、刺激的“风俗”变化，不能不引起巴尔扎克的强烈兴趣。

阅读传记资料，我们就会发现这位天才的作家本身就生活在一个极具时代色彩的家庭之中。波德莱尔认为巴尔扎克是《人间喜剧》诸多人物中“最奇特、最有趣、最浪漫、也最富诗意的一个”[①]。波德莱尔说得不错，却不够全面。何止巴尔扎克是《人间喜剧》诸多人物中“最奇特、最有趣、最浪漫、也最富诗意的一个”，他家庭中的几乎每一个人，都可以在这部巨著中占有一席之地，尤其是他的父亲贝尔纳－弗朗索瓦。这个人物本身就是一个传奇，他从波姆勒省一个贫苦农民家的孩子，很快“爬”到了法国中心城市巴黎，在那里参与了许多重要的事，见识了许多重要的人。由于和大人物有过这样的接触，他终生对贵族阶级怀有钦羡之情——这种感情也“遗传”给了巴尔扎克。1789 年法国大革命之后，他逃往瓦朗西纳，在一个半官方性质的军需机构中担任重要角色，这让他看到了动乱时期的万千乱象，也见识到了人心的千变万化，更强化了他精明的个性。总之，由于父亲的“打拼”，巴尔扎克出生于一个半是贵族半是资产阶级的家庭中。在这个家庭里，人们谈论的不是金钱就是婚姻，而谈论婚姻也是为了谈论金钱。这就是说，在家庭之中巴尔扎克就开始了自己的社会观察。补充一句，巴尔扎克和他的妹妹们，没有一个婚姻幸福的，在金钱方面自然也难说成功。不过，这种对财富的饥渴与现实困窘的反差，倒刺激了巴尔扎克的感受与思考。而且，极其重要的是，在写出《人间喜剧》的第一部作品之前，巴尔扎克曾走过一段异常艰苦曲折也异常独特传奇的道路。他曾花费大量时间学习写作、观察社会、体验生活，他不仅认真钻研其时风行的生物学、历史学、经济学的新学说，而且通过切身体验，意识到了野蛮生长的资产阶级社会的残酷，看到了阶层之间，人与人之间，尤其是不同阶层的人之间不可调和的矛盾。换言之，巴尔扎克虽不可能像马克思、恩格斯那样通过科学、严谨的政治经济学分析，以百科

① [法]安德烈·莫洛亚：《巴尔扎克传：普罗米修斯或巴尔扎克的一生》(译本序)，艾珉、俞芷倩译，浙江大学出版社 2014 年版。

全书式的全面、辩证，揭示出资本的秘密，但他却通过自己天才的感受力抓住了这个秘密，并用自己的如椽之笔写了下来。因此，我们可以说巴尔扎克是马克思、恩格斯的“同道”——他们都是资本主义的社会记录者、精神分析师。因而，马克思、恩格斯对巴尔扎克的高度肯定，也可视作他们之间的惺惺相惜。

阅读巴尔扎克的作品，我们常常想到马克思、恩格斯的政治经济学著作，而阅读马克思、恩格斯的政治经济学著作，我们又常常会想起巴尔扎克的《人间喜剧》。比如，在《高布赛克》（1830）中，巴尔扎克就通过但维尔律师之口说道：“如果你的阅历同我一样丰富的话，你就会懂得只有一种有形的东西具有相当实在的价值，值得我们操心。这种东西……就是金钱。金钱代表了人间一切的力量。”[①]在《贝姨》（1847）中，他通过那个无耻的克勒韦尔之口说：“你以为路易－菲利普能控制这些事情吗？不，他在这方面也不是一厢情愿的。他跟我们一样的知道，在大宪章之上还有那圣洁的、人人敬重的、结实的、可爱的、妩媚的、美丽的、高贵的、年轻的、全新的，五法郎一枚的银币。钱是要利息的，它整天都在忙着收利息。”[②]这样的言语是否似曾相识？是的，早在1844年4—8月，马克思就写下过这样的话：“货币，因为它具有购买一切东西的特性，因为它具有占有一切对象的特性，所以是最突出的对象。货币的特性的普遍性是货币的本质的万能；因此，它被当成万能之物……”[③]1848年年初，马克思、恩格斯又在《共产党宣言》中写下了这样的话：“资产阶级在他已经取得了统治的地方把一切封建的、宗法的和田园诗般的关系都破坏了。它无情地斩断了把人们束缚于天然尊长的形形色色的封建羁绊，它使人和人之间除了赤裸裸的利害关系，除了冷酷无情的‘现金交易’，就再也没有任何别的

---

① ［法］巴尔扎克：《人间喜剧》（第3卷），黄晋凯、王文融、陆秉慧等编校，人民文学出版社1994年版，第596页。

② ［法］巴尔扎克：《人间喜剧》（第13卷），黄晋凯、王文融、陆秉慧等编校，人民文学出版社1994年版，第333页。

③ 《马克思恩格斯文集》（第1卷），人民出版社2009年版，第242页。

联系了。”[①] 资本占领一切，资本言说一切！这是马克思、恩格斯的政治经济学巨著与巴尔扎克《人间喜剧》共同的主题。多么奇妙的互文！难怪恩格斯在给马克思的信中将巴尔扎克的小说与《共产党宣言》相提并论。[②]

还是马克思说得好：巴尔扎克“对现实关系有深刻理解”。正是由于对现实关系的深刻理解，即由于抓住了资本的本质，巴尔扎克才能够在一定程度上克服自己的“阶级同情和政治偏见”，而且能够在自己的“阶级同情和政治偏见”没有得到很好克服的时候，也以真实的笔触写下自己观察到的一切，感受到的一切，意识到的一切。这就是巴尔扎克能够“预先创造”19 世纪法国社会“典型”的原因。

四

波德莱尔这样评价巴尔扎克及其创作：“我常常奇怪人们把巴尔扎克的伟大归结为他是个观察家，我总认为他的主要长处在于他是一个梦幻家，一个充满激情的梦幻家。他笔下的人物都富有生命的活力，正如他自己一样。他构思出来的故事都如同梦境般绘声绘色。《人间喜剧》中的人物，上至豪门显贵，下至庶民百姓，无不比现实喜剧中的人物更渴求生活，在斗争中更活跃、机智，享受时更加贪婪，忍受苦难时更加坚忍，奉献时也更为伟大崇高。总之，巴尔扎克塑造的每一个人，哪怕是普通的看门人，都有非凡的才智，每一颗心灵都充溢着坚强的意志。巴尔扎克本人就是如此……”[③]

不愧是象征主义大家，波德莱尔一下子就抓住了理解巴尔扎克及其创作

① 《马克思恩格斯文集》（第 2 卷），人民出版社 2009 年版，第 33—34 页。

② 1852 年 10 月 4 日，在给马克思的信中，恩格斯批评品得时，说过这样一句话：“他既不懂《宣言》，也不懂巴尔扎克。”《马克思恩格斯全集》（第 28 卷），人民出版社 1973 年版，第 154 页。

③ ［法］波德莱尔：《浪漫主义艺术》，载［法］安德烈·莫洛亚《巴尔扎克传：普罗米修斯或巴尔扎克的一生》，艾珉、俞芷倩译，浙江大学出版社 2014 年版，第 436 页。

的两个关键词：观察与梦幻。前者我们已谈得够多了，即巴尔扎克能够成为现实主义大师，是因为他满足了“观察”这个充分条件。然而，对一位文艺家而言，只是找到并抓住时代本质还不行，他还必须满足创作优秀文艺作品的必要条件——为自己找到并抓住其本质的时代、社会寻找完美的形式。波德莱尔之所以将巴尔扎克称为“充满激情的梦幻家”，是因为他用自己的作品为所处的时代赋予了一种梦幻般的色彩，即他用梦幻的形式为我们再现了19世纪法国社会、资本社会的本质。或许，这是马克思、恩格斯青睐巴尔扎克的另一个原因。尽管他们没有直接讨论这一问题，不过，考虑到他们对“莎士比亚化”的强调，对“席勒式”的反感，我们有理由认为马克思、恩格斯不仅是在“历史的”层面上肯定巴尔扎克的创作，而且也是在“美学的”层面上肯定巴尔扎克的创作。

那么，巴尔扎克是怎样使其作品产生梦幻般的色彩与魔力的呢？在紧紧抓住所生活时代的本质，就是他本人和马克思、恩格斯在不同场合所揭示的资本社会关系，尤其是资产阶级“按照自己的面貌为自己创造出一个世界”[①]后，巴尔扎克为这个世界找到了一副什么样的面孔呢？在笔者看来，巴尔扎克为这个世界找到了一副无与伦比的生动面孔——“动物”。[②]正是这副“动物”的面孔，使巴尔扎克的小说散发出梦幻般的光泽。

关于这一点，还是听听巴尔扎克自己的说法吧。“社会和自然相似。社会不是按照人展开活动的环境，使人成为无数不同的人，如同动物之有千殊万类吗？士兵、工人、行政人员、律师、有闲者、科学家、政治家、商人、水手、诗人、穷人、教士之间的差异，虽然比较难于辨别，却和把狼、狮子、驴、乌鸦、鲨鱼、海豹、绵羊区别开来的差异是同样巨大的。因此，古往今来，如同有动物类别一样，也有过社会类别。”而且，由于人类所特有的“智

---

① 《马克思恩格斯文集》（第2卷），人民出版社2009年版，第36页。

② 这绝对是一个天才的发现，一种天才的赋形。想一想，又有哪副面孔比“动物”的面孔更适合资本呢？

慧”，使得人与人之间的关系比动物更复杂，“每只动物的习惯，至少在我们看来，在任何时代都经常是一样的；可是，国王、银行家、艺术家、资产者、教士和穷人的习惯、服装、言语、住宅却是完全不相同的，并且随着每个社会文明程度的高下而改变。”[①] 正是从这一理念出发，巴尔扎克通过其小说为世界艺术画廊塑造了无数“凶禽猛兽”，比如《高老头》中的伏脱冷，《欧也妮·葛朗台》中的葛朗台，也塑造了无数“珍禽异兽”，比如《高老头》中的鲍赛昂子爵夫人，《欧也妮·葛朗台》中的欧也妮，更为我们讲述了一些“珍禽异兽”转化为“凶禽猛兽”的故事，塑造了一些转化的典型，比如《高老头》中的拉斯蒂涅，《欧也妮·葛朗台》中的夏尔。正是这些“珍禽异兽”“凶禽猛兽”，尤其是“珍禽异兽”转化为“凶禽猛兽”的故事，完美地揭示了资本的秘密。想一想，还有比这更有活力的形式吗?！或许正是这副动物的面孔打动了马克思、恩格斯。因为，这副“面孔”使巴尔扎克的资本叙事来源于现实而又高于现实！

巴尔扎克作为文学家的天才之处还在于，他不仅抓住了自己所处资本世界的本质，为其找到了一副“动物”的面孔，而且还“想象出了一个系统”，把自己的作品联系起来，“协调成为一部完整的历史”，更具体地说，在不懈的写作中，巴尔扎克意识到自己将成为19世纪法国社会的“书记官”，因而动用自己的笔，“编制恶习和德行的清册、搜集情欲的主要事实、刻画性格、选择社会的主要事件、结合几个本质相同的人的特点糅合成典型人物”，从而“写出许多历史家没有想起写的那种历史，即风俗史”[②]。因而，他写的不仅是“动物”，而且是“动物世界”。这样的艺术世界的震撼力，绝对是空前的，难怪19世纪法国著名文学评论家泰纳在评论巴尔扎克时，认为他之所以伟大，就在于他不仅握住了“现实”，而且握住了“全体”，这使他成为真正的哲学家。

---

① ［法］巴尔扎克：《人间喜剧》“前言”，载伍蠡甫、胡经之主编，《西方文艺理论名著选编》（中卷），北京大学出版社1986年版，第107—108页。.

② 参见［法］巴尔扎克《人间喜剧》“前言”，载伍蠡甫、胡经之主编《西方文艺理论名著选编》（中卷），北京大学出版社1986年版，第111页。

余 论

抓住时代的本质，并为其找到最为合适的形式，这就是巴尔扎克给予我们的启示。实际上，何止巴尔扎克是这样的。只要略微梳理一下中外文艺史，就会发现一切流派、门类的优秀作品都具有这样的特点，比如福楼拜、莫泊桑，比如托尔斯泰、陀思妥耶夫斯基，比如鲁迅、茅盾……只是限于篇幅，我们就不展开论述了。

今天，我们已经进入中国特色社会主义新时代，由于物质生产力的极大发展，由于社会结构的深刻变动，由于信息技术的空前进步，人与人之间的交往也变得高度复杂，这使得我们对社会本质的观察变得格外困难，而为其赋形更是难上加难。我们或许很难像历史上的文艺大家一样，通过一个或几个故事、一个或几个形象、一种或几种意象、一种或几种结构，即很难用一种或几种形式，来为我们的时代赋形。但这并不意味着我们没有基本方向可以遵循。党的十九大报告明确指出，中国特色社会主义进入新时代后，我国社会主要矛盾已经转化为人民日益增长的美好生活需要和不平衡不充分的发展之间的矛盾。笔者以为，这个基本矛盾就是当前和今后一个时期观察中国社会的出发点。这就是说，我们必须从这个论断入手，理解中国，书写中国。

从这个基本矛盾出发，笔者认为，当前的文艺工作者应该抓住两个主要问题。首先，要把人民，所有劳动人民，尤其是底层劳动人民纳入自己的创作视野。关于这一点，习近平总书记已多次予以强调，《在文艺工作座谈会上的讲话》中更是从社会主义文艺本质的高度予以强调。对此，笔者不再赘述，只想强调一点，那些普通而又为数众多的劳动者是中国社会的根基，他们每个人的梦想构成了中国梦的底色，他们每个人的故事组成了中国故事的篇章，他们每个人的形象决定着中国形象的质地，他们每个人的声音合成了中国声音的旋律，如果我们不将他们纳入自己的艺术视野，我们将很难创作出优秀的文艺作品。一滴水映照出整个太阳的光辉。或许，在这些普通人心中，萌发着最为美丽的中国梦的种子。我们应该发现这样的种子，培育这样的种子。

其次，要集中精力刻写“中国的脊梁”。1934 年 10 月，针对一些国人“中国人失掉自信力了”的慨叹，鲁迅写下了《中国人失掉自信力了吗》一文，对这种怀疑主义论调进行了有力批驳。他在文末写道：“我们从古以来，就有埋头苦干的人，有拼命硬干的人，有为民请命的人，有舍身求法的人……虽是等于为帝王将相作家谱的所谓‘正史’，也往往掩不住他们的光耀，这就是中国的脊梁。”[①] 这段话今天依然有效。中国革命、建设、改革、发展之所以取得巨大成就，就是无数“中国的脊梁”埋头苦干、拼命硬干、为民请命、舍身求法的结果。中国特色社会主义新时代的发展，中华民族伟大复兴中国梦的实现，人民日益增长的美好生活需要的实现，更需要无数的“中国的脊梁”埋头苦干、拼命硬干、为民请命、舍身求法。可以说，他们是“中国故事”最重要的承载者。把他们的精神发掘好，把他们的故事讲述好，我们一定会创作出优秀的文艺作品，甚至“高峰”之作。

（鲁太光　中国艺术研究院副研究员）

① 《鲁迅全集》（第六卷），人民文学出版社 2005 年版，第 122 页。

新时代，需要着力于原创

——学习习近平有关原创问题讲话的体会

李树峰

一、习近平总书记一再强调关于文艺创作和社会科学研究中的原创问题，有现实针对性

2016 年 5 月 ，习近平总书记在全国哲学社会科学大会上的讲话中，就提出研究要体现“原创性和时代性”，当时这个提法是与“继承性和民族性”“系统性和专业性”并列提出来的。

2016 年 11 月，习近平总书记在中国文联十大、中国作协九大开幕式上的讲话中指出:“创新是文艺的生命。要把创新精神贯穿文艺创作全过程，大胆探索，锐意进取，在提高原创力上下功夫，在拓展题材、内容、形式、手法上下功夫，推动观念和手段相结合、内容和形式相融合、各种艺术要素和技术要素相辉映，让作品更加异彩纷呈、引人入胜。要把提高作品的精神高度、文化内涵、艺术价值作为追求，让目光再广大一些、再深远一些，向着人类最先进的方面注目，向着人类精神世界的最深处探寻，同时直面当下中国人民的生存现实，创造出丰富多样的中国故事、中国形象、中国旋律，为世界贡献特殊的声响和色彩，展现特殊的诗情和意境。”

2019 年 3 月 4 日下午，习近平看望政协文艺界社科界委员，又指出:“哲学社会科学研究要立足于中国特色社会主义伟大实践，提出具有自主性、

独创性的理论观点。”

习近平总书记关于原创力的这些论述，有强烈的时代感和明确的现实针对性。自1840年后，中国遭受列强侵略，国门被打开，经历了从沉睡中猛醒、奋起直追的艰苦卓绝的伟大历程。现在距离中华民族伟大复兴的目标越来越近了。在这个过程中，形成了把马克思主义与中国实践相结合的毛泽东思想、邓小平理论、“三个代表”重要思想、科学发展观和习近平新时代中国特色社会主义思想。这些思想是立足于中国人民伟大实践而形成的、富有中国特色的、原创性的指导思想，

但是，在社会科学和文艺创作领域日常工作的细节中，我们在译介、学习西方理论的同时，很多时候不知不觉间习惯了亦步亦趋地跟从西方步伐、照搬西方话语体系的做法，越过了“中学为体，西学为用”的框架，面对中国人民自力更生的实践、面对自己的生活，较少地给出自己有力的阐释和充沛的艺术表达。有些学者从事研究的思想源有意无意地屏蔽住中国优秀文化传统，直接来自西学，他们的治学方式不是鲁迅先生所说的“拿来主义”，而是机械搬用、套用概念。套用新概念过程中也使用“六经注我”的方法，对中国素材随意取舍，适合这个概念的，就是好的，不适合的，就是差的。在当代学者中，熟读中国古代典籍的人越来越少，能背诵唐诗宋词百篇的人也不多；相反，流畅阅读英文书籍的人士越来越多，在语言表达里的欧化句式甚至成为一种时尚，以至于有不少文章发展到佶屈聱牙、不知所云的程度。夸张一点说，某些领域某种程度上西方的知识体系已经成为主体性的认知模式和教育规程，中国传统文化变成了旁枝末节、业余爱好，而在我们亦步亦趋、沾沾自喜的时候，我们成了照抄者，有时还被西方机构起诉侵犯知识产权。

五四时期，诞生了一批思想文化艺术大家，虽然痛批中国传统，但他们自幼熟读典籍，立足点还是中国文化，他们的思想是站在中国土地上，借助于西方思想，对中国的历史和文化展开反思，他们的原创性著作，产生于中西方文化的碰撞中，而不是产生于离开根脉的单向度移植中。

陶行知先生说，离土教育、离乡教育、离国教育要不得，是因为中国人要为建设自己的家乡、为建设自己的祖国出力，否则我们的土地上不会出先进生产力和先进文化。文化不仅仅是存在于典籍中的条款和格言，而是植根于现实生活的活态情感。如果大批学子都立志于终身离开乡土，漠视我们脚下的土地和百姓生活，何以以血肉相连的情感传承根脉？

习近平同志也一再强调文明互鉴。如果一种文明能够与另一种文明形成互鉴、对话的关系，那前提是这种文明具备独特的文化基因和原创力。中华文明有五六千年的历史，具备强大的文化基因。在经济全球化的大势之下，保护文化多样性，承传中华文化基因，是中华民族复兴的必然要求。而承传，不仅仅要靠保护，单纯的保护是消极的，是一种供养行为。真正的承传，需要在新时代、新生活、新景象中不断原创。

二、新时代信息传播的新特点要求我们提高研究和创作的原创性，全社会呈现出对思想原创作品的焦渴和迫切需求

表现在三个方面：

一是在全民近乎全天候看手机的情景中，信息时代的特征已经完全呈现出来。在互联网、大数据、云计算和自媒体、5G 时代，信息汇集、梳理、统计式研究越来越多地实现人机合作完成或由智能机器人完成，自 20 世纪末涌现出来的各种资料和信息汇编式工程、项目、课题逐步会转移给人机合作和智能机器人通过大数据统计和分析去承担。在浩渺无边的信息海洋中，各种信息良莠不齐、泥沙俱下。要想使一篇好文章或好作品驻留在人们心中，这篇文章或这部作品必须具备原创作品所应有的感受的新锐度、情感的高浓度和思想的深邃度，否则，很快会被淹没。

二是波浪式淹没是这种传播的重要特征，“长江后浪推前浪，后浪把前浪拍在沙滩上”。人们对当下的好东西很快失去兴趣，对下一个好作品充满焦渴式需求。好文章在传播中被替代频率越来越快，从各领风骚数百年到几年，

现在是几天。在农耕时代，信息以口耳相传或以手工印刷方式进行，并且社会公众大多数不识字，信息的传播缓慢而局限在上层社会圈子里，一首好诗可以被传诵几年甚至十几年、几十年，有的甚至一直延续下来。而现在，一首好歌、一部好电影、一篇好文章，瞬间传遍全民，人们都借助信息高速公路的快捷，成为自媒体的发布源。但社会公众没有因此普遍感到满足，相反，他们需要越来越多的好的精神食粮不断填充自己。

三是传播分众化的趋势十分明显，社会公众结成不同的网络群体，选择性地接收信息。只有原创力强的作品和深入浅出的文章才能突破网络群体的选择性壁垒，成为广泛接受和阅读的经典。只有原创作者与社会公众之间才能建立起情感联系，而这种情感联系能在建立社会公信力中起支撑作用。仅仅说“对的”，当然也可以建立公信力，但在“对的”基础上，创作有温度的作品，才更容易确立起作者形象。

三、以互联网、大数据、自媒体为基础，人类进入自我提升、自我净化的新时代，文艺创作和研究者要增强底线思维和原创意识，才能立于不败之地

这几年，在国内，两性关系方面不合法、不道德、不洁的事情，被披露和晾晒出来的，政界、教育界、文艺界都有很多，社会名流占据相当比例。这种大众的追问在延伸，最近发生的质疑博士学位论文抄袭和学术水平的事情，关于美术创作抄袭的事情，等等，层出不穷，一个个光鲜的人物被聚焦，成为热点。从社会公众关注的兴趣点来看，文艺作品、学术论文、所谓精英人士的过往的言行，都会首当其冲。已经发生的反作品抄袭、反论文抄袭、反入学中作弊等事情，是针对教育行业发生的浪潮。可以肯定的是，社会上、网络上对此类问题的追踪会继续下去，形成一个又一个浪潮，一个又一个热点。

这种现象并不仅仅发生在中国，在世界各地都有发生。各个国家被披露

而形成网络热点问题，引发政治地震、学界地震、文艺界地震的事情已经很多了，以后还会更多。很多诉讼都源于一次演说、一封信、一个边缘性的小问题，经过追踪后被起底。可以说，这个新时代，是人类发展史上一个自我提升的新阶段，一切人、一切成果、规则、关系都要经受互联网的晾晒、大数据的分析和自媒体的质疑。做人和做事，越审视越细致，越要求越严格。

在人类的这个新时代，在中国，以习近平同志为核心的党中央因全面从严治党和大力反腐，党内监督、社会监督、网络监督都发挥很大作用，全社会的风貌已经为之大变。中国共产党要完成自我革命，中国社会也会因此一天天变得风清气正。这是一项伟大工程。

在这个新时代，真善美和假丑恶的界限被网络社会反复辨析，事实与现象的边界被剥洋葱式地追踪。过去因信息传播不平衡而导致的溜冰式的蒙蔽方式和递进式的混世方式都维持不下去了。

在这样的新时代，着力于研究和创作的原创性就更加重要。浩如烟海的文库，原创性的部分占多少比例；一本书、一篇文章，创新点在哪里，都会被延伸分析。在不加遗漏的分析中，社会透明性越来越大，学者和艺术家的自我警觉程度越来越高。文艺创作、学术研究，其中的底线思维、原创意识也必须增强。大家都会明白，只有搞原创，才能在网上晾晒中、大数据分析中立定脚跟。

（李树峰　中国艺术研究院研究员）

文艺创作“高峰”破题之我见

杨明刚

我以为，谈“破题”，首先要廓清思想观念上四点偏差。

第一，“破题”是理论命题，更是实践命题。要对文艺创作“高峰”形成的系统性、长期性、阶段性有充分思想准备。眼下须从实际出发，多做建章立制、放水养鱼的奠基性、服务性工作。尤其应更多地着力于操作层面进行建设性的通盘考虑。比如，当下最迫切的一点就是，建议主管部门转变观念，在哲学社科系列之外增加创作科研系列，建立艺术科研新机制，包括艺术科研项目遴选机制、艺术科研项目成果评价机制、艺术科研项目奖励机制等，将艺术创作成果、展览成果、表演成果等形成一套合理的成果类别体系，激发创作科研动力，以此推动更多高质量艺术创作成果的产生，助推文艺家攀登文艺高峰。

第二，“破题”是个系统工程。创作绝不仅仅是创作人员的事。既要有国家层面的高规格的总体布局、顶层设计与体制机制和制度建设；也要有各文艺门类符合实际现状、瞄准现实问题、符合艺术规律的选题导向、艺术创作成果认定等精准研究；更要有广大文学艺术家的积极响应；还要有专业力量和社会力量的主动参与。

第三，“破题”须进一步明确并强化以高质量的作品为中心的特殊重要性。“破题”不宜仅停留在口头上、纸面上、数字上、工程上空泛、空心地去谈，应进一步凸显文艺精品和文艺名家的主体地位，以名作与名家促成“文艺创作高峰”落地。各门类艺术均应积极调动相关理论研究、评论、传播等多方力量，前端介入、积极谋划、集体协作、全程联动，主动参与到作品的“构思”“创作”“展示”“评价”“传播”等创作全程，将“破题”具体落实到每件作品的精心打磨和每位大家的逐步养成上。

第四，“破题”须尊重艺术本体规律，尊重文学家、艺术家的主体地位和个性化艺术表达。建议于深扎主体实践活动之外，进一步搭建各层级、各门类的理论研究、评论、传播与艺术创作实践之间的培训交流平台，增进国别间、界别间、门类间的跨界艺术创作交流；并主动与文学家、艺术家交朋友，积极为他们创造条件、排忧解难，着力营造良好的创作氛围。

解决上述观念问题后，就落实到更关键的操作与建构层面。择其要者，文艺创作“高峰”这一建设性指向，务必聚焦创作主体视角，从丰富的古代文艺理论遗存资源和华夏审美土壤中汲取养分，即“从文艺家视角出发，聚焦创作，聚焦一线，聚焦前沿”，以期从中生长出具有中国特色的当代美学统摄下的文艺标准系统和本土话语体系。这不仅是对古代文艺理论向现代转型的延展与升华，更是今天重构足堪与西方艺论对话交流的当代文艺创作开放系统的一条行之有效的本土途径。

一、载体：文艺创作“高峰”须借作品体现

文艺创作“高峰”，首先要通过作品来体现。

作品是审美意识的载体和媒介。因此，以作品为中心的“作品中心”论就成为我们展开讨论的逻辑前提和现实需求。

习近平总书记指出，“推动文艺繁荣发展，最根本的是要创作生产出无愧于我们这个伟大民族、伟大时代的优秀作品。文艺工作者应该牢记，创作是自己的中心任务”。创作是文艺工作者的中心任务，能不能以人民的需要为中心，是对优秀文艺作品的本质要求。只有反映我们这个前所未有的大时代，抒写我们这个时代的大故事，抒发我们这个时代伟大人民的情感与审美体验的作品，才是无愧于时代的，才是真正优秀的作品。纵观文艺史，能为后人

所推崇的优秀作品，都是深刻反映其所处时代的人情人性、文化精神的，都是那个时代的社会关系、生产生活关系在文艺中的集中反映。社会主义文艺应该反映和表达我们这个时代人民的思想情感，把爱国主义作为文艺创作的主旋律，以广阔的题材和多种多样风格、形式的创作，追求文艺真善美的永恒价值。这就更加凸显了社会主义文艺和文化的意义。如习总书记强调的，社会主义文艺，本质上是人民的文艺。

二、主体：文艺创作“高峰”须由文艺家实现

文艺创作“高峰”，还要通过文学家艺术家主体来实现。

习总书记强调，“繁荣文艺创作、推动文艺创新，必须有大批德艺双馨的文艺名家。通过更多有筋骨、有道德、有温度的文艺作品，书写和记录人民的伟大实践、时代的进步要求”，以人民为中心，反映人民心声，对于文艺工作者来说，并不是能够轻易做到的，因为这不仅仅是一个良知问题、感情问题、责任问题，不仅仅是作为文学家艺术家站在人民的生活之外表达同情之心，而是在根本上要求文艺工作者在思想情感上，在立场上真正地站在人民一边，“自觉与人民同呼吸、共命运、心连心，欢乐着人民的欢乐，忧患着人民的忧患，做人民的孺子牛”。这是对文艺工作者提出的极高的要求，考验着文艺工作者的思想修养、艺术操守和责任意识。

三、标准：文艺创作“高峰”有其美学与艺术诉求

文艺创作“高峰”，不仅是对文艺的价值要求、历史要求，也是对文艺的美学要求、艺术要求。

人民的文艺，应该有其独具风格的艺术形式和美学标准，优秀的人民文艺应该是其内在的精神价值与外在表现形式的完美统一。习总书记讲话中要求文艺工作者遵循艺术规律，“以充沛的激情、生动的笔触、优美的旋律、感

人的形象创作生产出人民喜闻乐见的优秀作品”，要求艺术“彰显信仰之美、崇高之美”。这是在美学层面为当代中国文艺的发展树立的新理想、新方向、新标准。习总书记强调，“追求真善美是文艺的永恒价值。艺术的最高境界就是让人动心，让人们的灵魂经受洗礼，让人们发现自然的美、生活的美、心灵的美。”他对信仰之美、崇高之美的强调，有着极强的针对性，不能否认，在市场经济趋利性的背景下，一定程度上会消解对崇高价值的信仰，但真正的文艺家不会放弃对崇高价值的追求。今天，对这一审美理想的重建，是为文艺找到了灵魂，为文化找到了脊梁。

四、根底：创作“高峰”破题须汲取传统文化养分

习近平总书记指出：“中华优秀传统文化是中华民族的精神命脉，是涵养社会主义核心价值观的重要源泉。要结合新的时代条件传承和弘扬中华优秀传统文化，传承和弘扬中华美学精神。”在新时代建设社会主义文化，发展人民的文艺，破题创作“高峰”，就不能不重视中华传统优秀文化。

当代文艺创作“高峰”的破题与形成无疑要顺应新的时代文学、艺术实践对理论变革和理论创新这一内在要求。然而，古代之于当代的价值，常被视为有益的参照，此之谓“以古为鉴”。整体来看，古代文艺理论之于当代文艺创作亦可视为一个可以自足、且有待发掘和完善的参照系，为我们的当代文艺创作的学术自觉、研究视野、学科建设、理论框架、知识体系、研究方法、思维机制乃至发展趋向奠定坚实的基础和有益的借鉴。由是观之，从古代文艺理论学科的角度去对文学艺术现象和文学艺术批评、文学艺术史和文学艺术批评史作整体性、系统性的把握，从而深入研究作为一种社会历史现象和文化现象客观存在的人类文学艺术活动以及其中人民的伟大作用，具有前所未有的意义。具体而言，仅从当代创作“高峰”破题的视角，我们就至少可以重新窥见古代文艺理论在主创队伍涵养、核心观念生成、言说形态选择、思维特质内化、审美精神追求五个方面的重要价值。

（一）主创队伍涵养：破题创作“高峰”的人才培育

当代文艺创作虽不乏热闹景观与海量著述，但总予人以差强人意的感觉，尤其是在本土文艺理论的理性建构与学术自觉方面，远非理想。之所以出现如此尴尬境况，与我们当代文艺创作主创队伍的古典涵养不足甚至缺失不无关系。实际上，数千年古代文艺理论为我们提供了丰厚的中华文艺传统和审美资源，譬如礼乐文化与基本构型、创世神话与伦理性、美文与情采自律、人格化志趣与逸趣、正变史观等传统文艺母体中的典范思想，足以为当代文艺创作提供合理合法、更为完整强大、且更富理性色彩的理论支撑，促成我们补足当代文艺创作中人才培育的短板，造就与借鉴西方美学和艺论流派相匹配的、植根民族本土化文艺理论传统的学理阵容。

（二）核心观念生成：奠基创作“高峰”的原创根源

诚然，当代文艺创作需要面对的文艺现实、审美现状乃至中西交融的复杂情势远超过往，加之西方文艺理论起步较早、发展较快，而中国古代文艺理论亦因有其具体的时空局限，现代转型难免暂时出现“隔”的缺憾，导致一个时期以来，当代文艺创作对西方文艺理论的依傍过甚，对民族本土文艺理论资源未能用足用好，以致出现缺少自己骨骼，缺乏民族原创面貌的窘况。凡斯种种，不能说与对古代文艺理论重视不够无关。客观地讲，当代文艺创作中核心观念的生成与原创的源头活水，无不源自华夏民族的古代文艺理论在“言志”“缘情”“载道”“文质相胜”等方面的奠基与开掘，其中，“言志”所导出的事功性文艺观念，“缘情”所导出的审美性文艺观念，“载道”所导出的文治性文艺观念，“文质相胜”所导出的为人生的文艺和文艺化人生，等等，均可为当代文艺创作提供足以与西方文艺理论经典相匹、与时代审美风尚相接、与当代文艺实践和大众审美取向相合的理论阵势。

（三）言说形态选择：当代文艺创作话语的新创方式

古代文艺理论的言说形态具有鲜明的民族特性，简言之，突出表现在四个方面：一是审美的主体性，二是观照的整体性，三是论说的意会性，四是描述的简要性。这与它的哲学根基与体验特性息息相关，也与它生于斯、长于斯的农耕文明的社会历史环境紧密相连。当代文学艺术的门类、语言、创作方式、功能目标乃至实践环境与古代有别，文学艺术创作取向与文学艺术理论趋向所关注的内涵发生了深刻的变革，当代文艺创作还同时担负着对话西方文化的重任，亟待在言说形态上主动创新，与时俱进，以求对话的有效性。筑基于对古代文艺理论精华的有效吸收与消化，当代文艺创作话语的创新首先应整合散在于序、跋、书信、碑记、铭文、题款、游记、札记、笔记等文献中古典文艺理论“人本”“民本”思想，重新梳理、甄别、阐释古典文艺理论中散存的这些弥足珍贵的第一手资料，对之加以理性的提纯、抽象、升华和回溯式地体系化重构，改进语体、创新形态，并依凭当今最为先进的新媒介方式，增强与西方、与时代、与大众对话的有效性。

（四）思维特质内化：当代文艺创作交流的民族基质

诚然，古代文艺理论有其时代特点、文化背景、审美对象的特殊规定性，绝对无法涵盖、取代当代创作的时代性与人民性。古今有别，抱有这一企图无疑是荒唐的奢望。然而，时空的斗转星移无法扼杀古代文艺理论的现实生命力。古代文艺理论既植根于坚实且深厚的思想哲学历史土壤之中，又具有鲜明独特深刻的审美体验性质，更具高度的思辨抽象属性，在数千年的踵事增华中形成了“气韵”“风骨”“言意”等流变、开放的重要范畴与“意境”“形神”“情景”等丰富、延展的核心体系，古代文艺理论文本后所潜藏的迥异于西方的“天人合一”“诗性思维”“言象意道”等重要哲思承载了华夏国人的民族性格、文化心理、审美趣尚，自有其渊源和深远传统。总之，古代文艺理论所涵括的深具华夏哲学基础与民族思维特质的范畴、命题、方法仍有其蓬勃生机与活力。因此，古代文艺理论理应成为当代文艺创作学理建构的有机部分；当代文艺创作欲建构起独具中华民族特色的理论框架，亦必须从古代文艺理论中汲取思想资源。

（五）审美精神追求：当代创作“高峰”的终极价值

古代文艺理论之于当代至为重要的价值，还在其于民族审美精神方面的不懈垦拓，这一追求也将是当代创作“高峰”的终极价值所在。从这一角度来讲，古代文艺理论所高扬的归本自然的意境追求、尚中致和的人文秩序、温柔敦厚的价值美、虚实相生的意境美等美学思想，在当代文艺创作的语境中更具有强烈的理论与现实、审美与创作的多元价值。古代文艺理论自其诞生便含蕴着时代性、包容性、开放性与持续性，迄今依然生生不息、具有旺盛的生命力。古代文艺理论的核心价值集中体现在文化价值、艺术价值与精神价值三个层面。以文化价值论，古代文艺理论凸显了刚柔并济、自强不息、冲淡平和、和而不同、立足本位的独特民族追求，展示了东方民族文化基因与内在品格之美，昭示着古老文明、诗性文化的成熟睿智；以艺术价值论，古代文艺理论强调内省、注重神韵、心观坐忘、情采合一、诗意自足，主张以自由无待的省思体悟直达文艺本真，并以数千年优秀文艺独造傲视其他文艺理论体系；以精神价值论，古代文艺理论源自三教合一的内敛深度，源出士大夫入世情怀与人文关怀的博大向度，源出智者乐天知命与达观自适的昂扬高度，皆为华夏民族深掘、广拓、提振了精神气度，标举着迥异于西方艺论，陶铸了生命精神的东方神韵。

五、结语

“扎根人民、扎根生活”，“用现实主义精神和浪漫主义情怀观照现实生活”，是古往今来的中国文学家、艺术家坚持的一种创作方法和创作理念。呼唤当代文艺创作“高峰”，关注社会底层、关注人民的生存状态和情感状态，让文学艺术创作以人民为中心，让人民的文学艺术作品走到人民群众中去，始终是中国历代学者和文学艺术家的努力方向。为此，破题文艺创作“高峰”，有必要聚焦创作主体视角，汲取中华优秀传统文化养分，要求文艺工作者“脚踩坚实的大地”，实现当代文艺创作及其美学精神再出发。

（杨明刚　中国艺术研究院副研究员）

论文艺“高峰”的生态学和动力学

李修建

某种程度上可以说，古今中外的文艺史，就是由一座座文艺高峰形塑的，如古希腊的建筑、雕塑、荷马史诗、戏剧，文艺复兴时期的“美术三杰”——达·芬奇、米开朗琪罗和拉斐尔，中国先秦时期的《诗经》《离骚》《庄子》，魏晋时期的“二王”书法、顾恺之的绘画，以李白、杜甫为代表的唐诗，苏轼、赵孟頫等人为代表的宋元文人画，以“四大名著”为代表的明清小说……皆冠绝今古，成为文艺史上巍然屹立的文艺高峰。

习近平总书记高度重视文艺问题，他认为文艺“因时而兴，乘势而变，随时代而行，与时代同频共振。在人类发展的每一个重大历史关头，文艺都能发时代之先声、开社会之先风、启智慧之先河，成为时代变迁和社会变革的先导”，因此，在实现中华民族伟大复兴的新时代，既需要也应该有呼应这一时代的文艺作品。然而，这样的文艺作品目前还不多见，习近平总书记在系列文艺讲话中犀利地指出我国目前的文艺创作“有‘高原’缺‘高峰’”，呼吁文艺工作者勇攀文艺高峰，创作无愧于时代的文艺精品。

对于文艺高峰问题，理论界在近年进行了一些探讨，或做文件解读，或呼应总书记的提议，阐释总书记的观点，或提出文艺高峰出现的前提和条件，或总结中外文艺高峰的经验。不过，还有一些理论问题有待澄清，尚需挖掘，本文试做探讨。

一、什么样的文艺，怎样算高峰？

在学界，“文艺”二字即使不是最为复杂也是较为复杂的一个概念，因为它的内涵与外延随时而变，有很大的动态性和流变性。学术意义上的文艺学、艺术学和美学，三者之间往往缠绕不清。简单地说，可以将文艺视为文学和艺术之和。在中国历史上，举凡诗、词、赋、古文、小说，乃至戏曲，都被归为文学。至于书法、绘画、建筑、雕塑、音乐、舞蹈、戏剧，以及 19 世纪以后出现的摄影、电影、电视，都在艺术之列。在今天，随着电子技术的发展，又出现了新媒体艺术、数码艺术、智能艺术等新的艺术形式。

我们说一时代有一时代之文艺，《诗经》、楚辞、汉赋、唐诗、宋词、元曲、明清小说，这是我们所熟知的最为经典的表述。有意思的是，这些文体，全都是文学。直至 19 世纪西学东渐，由梁启超等人发起“小说界革命”，提出“今日欲改良群治，必自小说界革命始，欲新民，必自新小说始”的口号，借助以报纸杂志为核心的媒介，小说发挥了巨大的社会批判和社会动员功能，成为文学的核心力量。在左翼文艺、延安文艺、“十七年”文艺以及 20 世纪 80 年代文艺中，小说一直占据中心位置，出现了一大批产生了重要影响、发挥过巨大作用的作家作品，小说在今天仍有重要作用。80 年代以来，电影、电视、美术的作用日益凸显，审美变得更为多元。今天的文艺格局，是一个多元并峙的时代。影视、流行音乐、相声等大众艺术和部分民间艺术，以及各种光怪陆离的民间表演，借助在线视频、直播平台等网络媒体，成为广大人民群众关注的中心。

如果借助“审美中心”（aesthetic locus）[①] 这样一个概念，显然，在中国古代，文人阶层的审美中心基本是诗、书、画、琴、棋，活动空间集中于

① ［美］雅克·马凯：《审美经验：一位人类学家眼中的视觉艺术》，吕捷译，商务印书馆 2016 年版。

私家园林、庭院和书斋。宋代以后文化下移，瓦肆勾栏等娱乐场所成为市民阶层关注的审美空间。就民间而言，节庆仪式、庙会等民俗活动是审美中心所在。

有的学者根据经济发展状况，将社会分成三个阶段，并对每个阶段的审美中心做了说明。第一阶段是贫苦期，文学最受重视，因其是一种廉价的传播形式，靠人生经验产生共鸣。由文学衍生出来的戏剧和话剧也受欢迎。第二阶段是小康期，视觉艺术特别是绘画成为主要表现形式。绘画传达美感的经验，可以直接提高精神生活的质量。第三阶段是富庶期，人们的精神生活着重于寻求娱乐性的满足，并且因拥有一定的财产为自己筑梦，因此最主要的艺术形式为生活艺术，也就是应用艺术。①

这种观点从传播学的角度，谈到文学在贫苦阶段的重要性，实际情况确是如此。不过，在第二阶段和第三阶段，只提美术和生活艺术，没有考虑影视和网络文艺的地位，却与现实不符，难免偏颇。目前，我们已经解决温饱，处于小康期向富庶期的迈进阶段，的确在呼唤着更能契合当下生活的艺术形式。上面所提出的富庶期的生活艺术和应用艺术，很有启发意义。至于这种艺术形式到底怎样，因为技术飞速发展，社会急剧变迁，一时难以定论，但人民群众多元化的需求以及文艺多元并存的状态，无疑将成为常态。创作真正满足人民生活需要和审美需要的艺术作品，成为摆在文艺工作者面前的崇高使命。

接下来的问题是怎样算高峰？

毋庸讳言，文艺高峰是相较而言比较产生的，就像一片地形，因为有低地、丘陵、山谷、高原，才会衬托出高峰。因此，某一文艺类型之所以能出现高峰，必然经过了一定的历史发展，众多艺术家投身其间，创作出众多的作品，依据业界认定的艺术标准，鉴别出艺术高峰。如中国古代绘画，自上古起始，尤其是魏晋以后，画家渐多，画种渐繁，至唐代蔚为大观，唐代张

① 参见汉宝德:《汉宝德谈美》，上海文艺出版社 2013 年版，第 32—33 页。

彦远著《历代名画记》，录历代画家 371 人，并对其分品定级，厘出上中下三品，其中顾恺之、陆探微、张僧繇、吴道子四人，被视为上品盛流，亦即高峰式的人物。这点得到画史公认。再如宋元文人画兴盛，画家甚夥，名家亦多，元代山水画家独标四家（黄公望、王蒙、倪瓒、吴镇，一说赵孟頫、吴镇、黄公望、王蒙），无疑此四人乃是元代画坛公认的高峰。

如何评判高峰？地形学上的高峰一望即知，有明确的科学数据可以表征。文艺高峰的判断远非如此容易。这是由于，文艺高峰的评价标准并不明晰，具有一定的主观性，并且随着时空之不同而出现变化。魏晋时期的顾恺之以人物画出名，同时代的谢安评他的画“有苍生来所无”，可谓顶点。南齐谢赫却对他很有些不屑，说他“迹不逮意，声过其实”，只将他列入第三品。陈朝姚最，又为顾恺之鸣不平，指责谢赫有失公允，重将顾恺之捧上神坛：“至如长康之美，擅高往策，矫然独步，终始无双。有若神明，非庸识之所能效；如负日月，岂末学之所能窥。”及至张彦远诸人，基本认同姚最的观点，顾恺之的高峰地位方得确立。再如唐宋画坛，有“神逸之争”，朱景玄著《唐朝名画录》，独标神品，黄休复的《益州名画录》，则以逸品为上，不同的标准背后，体现的是两种审美趣味的差异。

再如现代文学史上，有“鲁、郭、茅、巴、老、曹”六家之说，六人的经典地位，经过多年文学史的书写而确立。不过，有的学者依据不同的评判标准，得出的结论与这一排名有所差异，他们大多标举作品的审美价值，如推崇沈从文、老舍、张爱玲等人的创作。[①] 这显示了艺术评价标准的多元性，这在艺术批评史上，亦属正常现象。

既然文艺高峰的标准并不固定，是否意味着没有标准？当然不是。实际上，习近平总书记多次谈到文艺高峰的标准问题。总书记在文艺工作座谈会上指出，“我国作家艺术家应该成为时代风气的先觉者、先行者、先倡者，通过更多有筋骨、有道德、有温度的文艺作品，书写和记录人民的伟大实践、

① 如夏志清在《中国现代小说史》中的研究。

时代的进步要求，彰显信仰之美、崇高之美”，“要努力创作生产更多传播当代中国价值观念、体现中华文化精神、反映中国人审美追求，思想性、艺术性、观赏性有机统一的优秀作品”，“精品之所以‘精’，就在于其思想精深、艺术精湛、制作精良”。“要把提高作品的精神高度、文化内涵、艺术价值作为追求，让目光再广阔一些、再深远一些，向着人类最先进的方面注目，向着人类精神世界的最深处探寻，同时直面当下中国人民的生存现实，创造出丰富多样的中国故事、中国形象、中国旋律，为世界贡献特殊的声响和色彩、展现特殊的诗情和意境。”上面的几段论述，从艺术作品的形式、内容、思想等诸多方面提出了要求，可以视为文艺高峰的标准。对照之下，任何可以视为高峰的艺术作品，都符合上述标准。

当然，“三有”“三性”和“三精”，是对所有艺术作品提出的原则和要求，具有高度的概括性，具体到每一种特定的艺术门类，又会有自身的评判标准，需要做出具体的分析。

二、文艺高峰的接受性和建构性

从接受美学的角度来看，文艺高峰不是一蹴而就的，它有一个历史的生成、接受和建构的过程。在中外文艺史上，不乏这样的案例，有的作家或作品，在其生前默默无闻，离世若干年后，忽然受到关注，接受者越来越多，随着层累效应价值越来越大，变成了经典。

比如《庄子》一书，不仅是一部思想经典，亦是一部文学大著。然而在战国时期，《庄子》不过是诸子之一，地位并不显明。秦汉时期，初以法家与黄老之术治国，继而儒家取得垄断地位，《庄子》显得寂寂无闻，绝少有人关注，庄学研究者将秦汉时期称为“潜行的《庄子》”[①]，及至魏晋时期，以“竹林七贤”为首的名士热衷读《庄子》谈玄，《庄子》大受重视，向秀、郭象、

① 熊铁基主编：《中国庄学史》，福建人民出版社 2009 年版。

支遁等人纷纷注解《庄子》，使其大行于世，《庄子》的经典地位至此方才确立。

陶渊明也经历了一个经典化的过程。在陶渊明生前，虽诗酒风流，却是个边缘人物，不为世所重，专门记载名士言行的《世说新语》，对他不置一词。钟嵘的《诗品》，遍评前代诗人，以“词采华茂”与“骨气高奇”的时代审美意识为标准，仅将陶渊明列为中品。刘勰的《文心雕龙》，博涉历代作家与诗人，对陶渊明却未提只字。唐代文人对于陶渊明虽然多有征引，却只是热衷于他的漉酒、采菊、不为五斗米折腰等逸闻趣事，作为典故用于诗歌之中。所以钱锺书先生提到“渊明在六代三唐，正以知希为贵”[①]。只是到了宋代，以苏轼为代表的文人推崇平淡自然的趣味和境界，陶渊明才备受尊崇起来，成了代表中国文人生活理想和中国文化精神的人物。

还有一些艺术家，在生前备享尊荣，被视为一时无两的高峰人物，然而，在其去世若干年后，他们所倡导的文体和语言已不为人所重，作品中呈现的审美趣味也已遭人遗弃，最终成了寂寂无闻。

如六朝以萧纲、萧绎、陈后主、徐陵等人为代表的宫体诗，专以描摹宫闱生活为对象，风格绮艳，盛行一时。梁元帝萧绎文才冠世，受到时人推许，其兄萧纲将他与曹植相提并论，在《与湘东王书》中提道：“文章未坠，必有英绝，领袖之者，非弟而谁？每欲论之，无可与语；思吾子建，一共商榷。”陈后主、徐陵诸人亦有诗才，然专作轻艳之诗，靡丽颓丧，固然煊赫一时，终究坠入歧途。正如台静农所论：“然而歌诗专美容色，文士成为狎客，文学成为帮闲助兴之事，使文学本身丧失其价值，此所以风格颓靡，流为淫放而不能振拔……此种既不关于人民生计，又不关于政制得失之作，但见其夸张浮泛、雍容歌颂，至于抒情写志，则两无所属。”[②]

再如明初仁宗和宣宗年间，杨士奇、杨荣和杨溥“三杨”秉政，天下清

① 钱锺书：《谈艺录》，商务印书馆 2016 年版，第 217 页。
② 台静农：《中国文学史》（上），上海古籍出版社 2012 年版，第 242—243 页。

平，三人名扬天下。他们以馆阁重臣，倡导承平盛世诗风，史称“台阁体”。“三杨”文风盛行一时，称雄几十年，却因一味歌颂太平，千篇一律，缺少性情，丧失了文学的根本，“他们的集子中充斥的官样文章和应制、酬唱之作以及墓志铭，流溢着对圣上恩泽的颂扬，闪烁着耀眼炫目的光彩，却只不过是阳光下的一堆鳞片”[①]，终究湮没无闻。

当然，同样有一些艺术家，在其生前即被公推为大家，其作品被视经典力作，如“二王”的书法，李白的诗歌，米开朗琪罗的雕塑，达·芬奇的绘画等。

由此观之，对待文艺高峰，需要拓宽历史的视野，拉开一定的距离，充分考虑到它的历史生成性和建构性，及其与时代精神、社会功用、审美意识、文化使命等因素之间的关联。

三、文艺高峰的生态学

古今中外的文艺高峰，历历可数。文艺高峰的出现，是多种因素凑泊的结果，所谓的名家名作，总是处于一定的生态之中。法国学者丹纳认为艺术作品的产生有赖于一定的环境，他所说的环境主要指风俗习惯与时代精神。当然，这二者构成文艺生态的两大要素，但绝非全部。王一川指出筑就文艺高峰需要几类人才：文艺立峰人，即创作文艺高峰作品的少数顶尖艺术家；文艺造峰人，即为文艺立峰人提供社会物质与精神条件保障的人们，包括普通人和为文艺立峰人提供精神资源和思想启迪的哲学家、思想家等；文艺测峰人，即运用研究手段和批评的方式去测量和评价文艺高峰的文艺理论家、文艺批评家和文艺史家；文艺观峰人，即千千万万具备优良艺术素养、懂得并善于鉴赏真正文艺高峰的大量公众；文艺护峰人，即善于守护或维护文艺

① 徐朔方、孙秋克：《明代文学史》，浙江大学出版社 2009 年版，第 195 页。

高峰的各级各类文艺管理者。[①] 这五类人才，同样是文艺高峰生态学中的重要因素。这些观点对我们研究文艺高峰的生态学都颇具启发，在此我们选取文艺高峰的若干个案，探讨它们所产生的生态因素，并思考对于当下可能具有的启示。

以六朝艺术而论，六朝是中国文艺史上的一个高峰期，宗白华先生对此有过精彩的总结：“汉末魏晋六朝是中国政治上最混乱、社会上最痛苦的时代，然而却是精神史上极自由、极解放、最富于智慧、最浓于热情的一个时代。因此也就是最富有艺术精神的一个时代。王羲之父子的字，顾恺之和陆探微的画，戴逵和戴颙的雕塑，嵇康的广陵散（琴曲），曹植、阮籍、陶潜、谢灵运、鲍照、谢朓的诗，郦道元、杨衒之的写景文，云冈、龙门壮伟的造像，洛阳和南朝的闳丽的寺院，无不是光芒万丈，前无古人，奠定了后代文学艺术的根基与趋向。”[②] 魏晋艺术为何会出现如此光辉灿烂的景象？

举其大端，或有几个主要原因，第一，从社会结构来看，世族乃社会主体，当时的文人，绝大多数出身世族。世族的绵延，文化是最主要的因素，所以普遍重视子弟教育。六朝时期，文学艺术成为士人文化体系的重要组成部分，因此，整个世族阶层普遍重视文学艺术，造成了文艺人才辈出的局面。比如，琅琊王氏，个个都是书法家，王氏七代，人人都有文集面世。陈郡谢氏，更是文学世族，书法亦很出名。世族之间，形成比较浓郁的审美竞争的氛围，推动了文艺的发展。第二，经济上，世族都有庄园，保障了他们有宽裕的经济条件从事文化活动，更多地追求审美性和艺术性。第三，思想上，玄学成为主流思潮，促成了士人群体的自觉和个体的解放。玄学标举超越，专任自然，极具审美色彩和艺术精神，成为六朝士人最为推崇的价值观念。六朝士人身体力行，他们栖止园林，呼朋引伴，清谈宴饮，诗文书画，忘情

---

① 王一川：《立峰人、造峰人、测峰人、观峰人、护峰人——筑就文艺高峰的主体力量》，《光明日报》2017 年 3 月 8 日。

② 宗白华：《美学散步》，上海人民出版社 1981 年版，第 177 页。

琴棋，崇尚隐逸，最能彰显这一人生观。

德国艺术史家温克尔曼探讨过古希腊艺术繁荣的原因，在他看来，“希腊人在艺术中取得优越性的原因和基础，应部分地归结为气候的影响，部分地归结为国家的体制和管理以及由此产生的思维方式，而希腊人对艺术家的尊重以及他们在日常生活中广泛地传播和使用艺术品，也同样是重要的原因”①。温克尔曼指出的因素比较全面，其中，气候的影响是外因，国家体制、希腊人的思维方式、对待艺术的态度是内因。他尤其注重国家制度的影响，“从希腊的国家体制和管理这个意义上说，艺术之所以优越的最重要的原因是有自由”②。

意大利文艺复兴时期的艺术之所以兴盛，学者们多有探讨，或有以下数端：第一，从政治体制上看，中世纪的封建贵族和骑士阶层，遍布欧洲的教会及其统一的文化衰落了，取而代之的是带有国家和城市地方意识的市民阶层，是各自为政的小邦君主，是各不相同的各国语言。作为区分因素的民族和种族特征更加引人关注，文艺复兴就像是让意大利民族精神有别于欧洲文化整体的一种特殊形式。③第二，从经济和社会因素上看，意大利在经济和社会发展方面领先于西部邻国；这里是经济复兴的发源地，是十字军东征的补给和运输保障中心；这里产生了与中世纪的行会理想对立的自由竞争观念，出现了第一批欧洲银行家；这里的城市市民阶级比欧洲其他地方的市民阶级更早获得解放；这里的乡村贵族不仅很早就入城定居，而且彻底适应了金钱贵族的生活方式；还有，这里的古代文化遗迹随处可见，希腊罗马传统在这里也从未彻底消失。④第三，从艺术市场来看，大家族、行会、新兴市民阶层

① ［德］温克尔曼：《希腊人的艺术》，邵大箴译，广西师范大学出版社 2011 年版，第 108 页。

② ［德］温克尔曼：《希腊人的艺术》，邵大箴译，广西师范大学出版社 2011 年版，第 109 页。

③ ［匈］阿诺尔德·豪泽尔：《艺术社会史》，黄燎宇译，商务印书馆 2015 年版，第 156 页。

④ ［匈］阿诺尔德·豪泽尔：《艺术社会史》，黄燎宇译，商务印书馆 2015 年版，第 158 页。

越来越成为艺术消费的主体，"有关教会作品的制作订单来自教会本身的越来越少，相反，更多地来自大的行会或精神互助会或者私人赞助。事实上，是那些新近富起来的市民，而不是牧师，来选择那些出色的艺术家，并与之讨论作品的细节，比如是画一个屋顶还是整座教堂。"[①] 第四，艺术家地位的提升。14 世纪，艺术家逐渐摆脱匠人身份，他们对于透视画法、解剖学、光学等新知识皆需通晓，艺术家开始在自己的作品上盖章。到了 15 世纪，艺术家的社会地位发生了显著变化，公众对艺术家的尊崇也在无限制地增强。天才的观念获得强调，豪泽尔指出，文艺复兴时期文艺观的根本创新，在于发现了天才概念，在于认识到艺术品是一个自负的天才创造的作品，而这个天才是超越传统、教条、规则，甚至超越作品本身，是他赋予作品法则。……天才是上帝的馈赠，是天生的、不可重复的创造力，天才可以而且必须遵循自身的、独一无二的法则，天才的艺术家可以有个性，可以自行其是，等等，这些思想都是文艺复兴时期的社会产物。[②]

以上所述几个历史时期，尽管社会文化背景有巨大差异，但也体现出某种共通性，比如社会精英或市民阶层对于文学艺术的重视，艺术家具有充分的文化素养等。由此，我们至少可以得出几点规律，一是营造良好的社会和文化氛围和相对宽松自由的创作环境，使文艺工作者能够全身心投入创作，而较少功利目的。二是注重艺术家整体文化素养的提升。艺术之间本是相通的，是嵌入于整个文化体系之中的。古代的艺术家，实际上是全才式的人物，经史子集，琴棋书画，无不通晓，唯有如此，才能创作出具有相当思想性和艺术性的作品。今天的艺术教育，多是专科教育，并且以技法为主。这样的体制，培养出来的人才，所具有的文化体系是不健全的，文化素养是不达标的。作品徒具形式，难有深刻的内涵，要出精品，已是很难。因此，在今后的教育体制中，需要注重艺术家人文素养的培育。三是培育艺术家群体。伟

① ［英］彼得·沃森：《人类思想史》，姜倩等译，中央编译出版社 2011 年版，第 116 页。
② ［匈］阿诺尔德·豪泽尔：《艺术社会史》，黄燎宇译，商务印书馆 2015 年版，第 189 页。

大的艺术家不是孤立出现的，在他的周围，常有一个“集团”、一个“学派”，一个艺术家聚落，志同道合的同人集聚在一起，相互切磋砥砺，形成良好的艺术创作氛围和艺术雅集氛围，更能促成艺术精品的出现。四是提升民众的文化素养和审美品位，使其能够接受、欣赏相对高雅的文学艺术，尊重相关领域的艺术家。近来，有一篇文章总结了中国人审美上存在的十个问题：丑形象、土味家居、奇葩建筑、非人街道、塑料设计、网红脸、伪古风、广告有毒、抖式快感、文化雾霾，并将我们的社会称为“低美感社会”，认为许多中国人患上了“审美匮乏症”。[①] 这个现象的确值得全社会尤其是教育部门反省，通过适当有效的审美教育，提升全民的审美修养。

当今时代，社会文化语境发生巨大变迁，我们处于一个异常多元而复杂的时代，这个时代是以往未曾有过的。这是一个全球互联互通的时代，现代文明占据主导的时代，同时也是传统文化与本土资源大受重视的时代。中华民族的伟大复兴，离不开文学艺术的复兴，而当代的艺术生产，面对的是一个资本和市场占据主导地位的时代，流量、票房、点击率、上座率、市场价格等，成为人们关注的重心，如何在这样一种氛围中创造文艺高峰，高度智慧地利用市场而不为市场所左右，是摆在我们面前的一个难题。

四、文艺高峰的动力学

文艺高峰的出现，说到底要归结于艺术家的创作。文艺高峰的生态学强调的是文艺创作的外部环境，文艺高峰的动力学则集中于艺术家本人。古今中外的伟大艺术家，之所以能够创作出伟大作品，离不开一定的动力机制。归结起来，以下几点或许值得关注。

第一，艺术家必有超出一己私利的宏大抱负、高远理想和形上追求。

中国传统文化以儒家为主干，自孔子开始，就为儒家贯注了一种“志于

① 詹腾宇、李岫淼：《中国审美十大病》，《新周刊》2019 年 4 月，第 536 期。

道”的理想人格，“要求它的每一个分子——士——都能超越他自己个体的和群体的利害得失，而发展对整个社会的深厚关怀。这是一种近乎宗教信仰的精神。”[①] 儒家所求之道，乃修身齐家治国平天下，使天下百姓安居乐业。真正“志于道”的人，不以恶衣恶食为耻，不以富贵功名为念。历代士人秉持儒家理念，“言为士则，行为世范，登车揽辔，有澄清天下之志”者，在在多有。儒家注重文艺“成教化，助人伦”的功用，杜甫之诗、韩愈之文、元代之戏曲、明清之小说，无不强调此一特点。道家是中国文化的另一主干，道家追求自然超逸的人格，更是鄙弃功名利禄和外在的物质享受。中国艺术精神深受道家影响，文人画、古琴等文人艺术，都以淡远高逸的境界为最高追求。明人吕坤提道：“诗词文赋都要有个忧君爱国之意，济人利物之心，春风舞雩之趣，达天见性之精。”既讲社会责任，又讲个人性情，显出儒道两家之影响。

近现代以来，无数仁人志士以马克思主义为指引，为了中国人民的解放事业前赴后继，文艺工作者在其间发挥了重要作用。尤其是 1942 年毛泽东主持的延安文艺座谈会上，指出了为革命文艺的正确发展方向，解决了文艺是为什么人的这一根本问题和原则问题，提出了文艺为工农兵服务的方针。在此后，文艺工作者抛弃个人私利，以民族和国家为念，创作了一大批精品力作，如赵树理的《小二黑结婚》《李有才板话》，丁玲的《太阳照在桑干河上》，周立波的《暴风骤雨》，李季的《王贵与李香香》，贺敬之、丁毅的《白毛女》，孙犁的《荷花淀》等，这些作家无不以民族和国家为念，才能创作出如此高质量的作品。在今天看来，这些作品无疑构成了文艺高峰。

第二，艺术家必有对于人类精神等终极问题的追问和思索。

中国古代有“发愤著书”“不平则鸣”的传统，司马迁在《报任安书》中的一段话常被征引：“古者富贵而名磨灭，不可胜记，唯倜傥非常之人称焉。盖文王拘而演《周易》，仲尼厄而作《春秋》。屈原放逐，乃赋《离骚》。左丘

① 余英时：《士与中国文化》，上海人民出版社 2003 年版，第 25 页。

失明，厥有《国语》。孙子膑脚，《兵法》修列。不韦迁蜀，世传《吕览》。韩非囚秦，《说难》《孤愤》。《诗》三百篇，大抵贤圣发愤之所为也。此人皆意有所郁结，不得通其道，故述往事，思来者。”后世杜甫又有“文章憎命达”，欧阳修有“诗穷而后工”之说。曹雪芹在家道沦丧，“满径蓬蒿老不华，举家食粥酒常赊”的艰难困苦之中，著书黄叶村中，“披阅十载，增删五次”，终成巨著《红楼梦》。类似的例子还能举出很多。当人生经历大波折，处于困厄之际，或许更能对人之为人的终极问题进行深刻的思索，发而为文艺作品，更能体现出博大深邃的境界。

当然，这并不意味着所有文艺经典都是艺术家在悲惨的境地中创作的。实际上，我们同样能够举出不少反例，顺境中的艺术家，亦能够创作出传世之作。关键在于，作品能否体现出思想性，是否对于人类终极命题有着深沉的关切。就像王国维所说的“古今之作大事业大学问者”所必经的三种境界，艺术家必然对于社会人生等大命题有真切深刻的感受与思索，“所见者真，所知者深”，方能创作出杰出的作品。

第三，艺术家必受个人才情和创作欲望的驱使。

毋庸置疑，文艺高峰的筑就有赖于伟大艺术家的创作，而伟大的艺术家是有独特的天赋和才情的。虽说天才的观念是文艺复兴以来的发明，在之前艺术家被视为工匠，更多地强调其技术层面。实际上先哲对这一问题早就有所思索，柏拉图强调神授之灵感；孔子就知识的获得方式，提出了“生而知之”“学而知之”“困而知之”的说法，他本人被尊为“天纵之圣”。真正伟大的艺术家，是有独特的才情的。

艺术天才或天赋，可以理解为独特的感知力、审美力，以及运用特定的艺术手段的呈现力。丹纳有类似的观念，在他看来，“艺术家在事物前面必须有独特的感觉：事物的特征给他一个刺激，使他得到一个强烈的特殊的印象。换句话说：一个生而有才的人的感受力，至少是某一类的感受力，必然又迅速又细致。他凭着清醒而可靠的感觉，自然而然能辨别和抓住种种细微的层次和关系。”[①] 这样的能力，一是先天的禀赋，二是有赖后天的努力。在六朝书法理论中一对范畴：天然和功夫。如梁朝庾肩吾评论张芝、钟繇和王羲之三人的书法：“张工夫第一，天然次之，衣帛先书，称为草圣；钟天然第一，功夫次之，妙尽许昌之碑，穷极邺下之牍；王工夫不及张，天然过之。天然不及钟，工夫过之。”（庾肩吾《书品论》）“天然”一方面指书法作品呈现出的审美风貌，如唐代张怀瓘评王羲之的书法：“笔迹遒润，独擅一家之美，天质自然，丰神盖代。”[②] 亦可指书家的天分或天赋，北齐颜之推论及自己的学书经历时说：“吾幼承门业，加性爱重，所见法书亦多，而玩习功夫颇至，遂不能佳者，良由无分故也。”[③] 颜之推学书，家学、法帖、兴趣与努力，全都具备，而不能成为名家者，是因“无分”，这个“分”，即是书法天赋。中国绘画最讲“气韵”，明人董其昌说：“气韵不可学，此生而知之，自有天授，然亦有学得处。读万卷书，行万里路，胸中脱去尘浊，自然丘壑内营，立成鄞鄂，随手写出，皆为山水传神矣。”在董其昌看来，气韵虽为天成，经过后天努力，亦可获取。“读万卷书，行万里路”，便是“工夫”，只有工夫到了，艺术才会精熟。

艺术家之情，是对于自然、社会、人生、艺术所投入的深厚情感，一切优秀的艺术作品，都离不开艺术家的这种情感，离不开他们对于自然、生命、民族、国家、历史的诚挚热爱。他必是一个真诚而富有良知和深情的人，唯有如此，才能为艺术作品贯注伟大的生命力。就像张定璜笔下的鲁迅：“鲁迅先生是一个艺术家，是一个有良心的；那就是说，忠于他的表现的，忠于他自己的艺术家。无论什么时候、什么地方，他决不忘记他对于他自己的诚

---

① ［法］丹纳：《艺术哲学》，傅雷译，江苏凤凰文艺出版社 2018 年版，第 21 页。
② （唐）张怀瓘：《书议》，载《历代书法论文选》，上海书画出版社 1979 年版，第 145 页。
③ （北齐）颜之推著，王利器集解：《颜氏家训集解》卷七《杂艺第十九》，中华书局 1993 年版，第 567 页。

实。”[1] 正因为怀着对内心的真诚，对家国的热爱，鲁迅先生才弃医从文，创作出对于国民影响甚巨的作品。民间艺术的从业者，同样需要这样的热爱，正如日本民艺学家柳宗悦所言：“真正的匠人，总是带着感情和热度面对工作的。他们的热情并非投注在靠着工作而带来的金钱名利等外物上，而是投注在自己的工作本身，用心爱着自己做出的每一件物品，否则，他们就无法做到对自己的工作保持永恒的专注。因此，对于工作的热爱，乃专注的根本。”[2] 这一观点，适用于任何艺术，甚或任何工作。

第四，艺术家必受良好的批评氛围的促动。

对于艺术创作来说，外界的刺激是多面的，个人的遭际，家国的变革，人生的感喟……都是常见的因素，良好的批判氛围同样是大有必要的。

上面提及，六朝时期之所以名家辈出，一个重要的因素就是人物品藻之风促成了艺术批评，士人之间相互品题，形成审美竞争。王羲之的书法博采众长，终成高峰，其实在他年轻之时，有多人能和他匹敌，如庾翼。王僧虔在《论书》中记载：“庾征西翼书，少时与右军齐名。右军后进，庾犹不忿。在荆州与都下书云：‘小儿辈乃贱家鸡，爱野鹜，皆学逸少书。须吾还，当比之。’”当庾翼看到王羲之的书法之后，马上自叹不如。

在当代艺术界，尤其是文学、绘画、影视等领域，艺术批评更是非常重要的。良好的艺术批评，能够客观评判艺术的成就，指摘艺术的不足，促进艺术的进步。相反，不良的批评只会阻碍艺术的前进。很不幸的是，目前的艺术批评实在不能让人满意，如有的学者指出：“有的文艺批评家把喜剧演员赵本山与世界喜剧艺术大师卓别林相提并论，认为赵本山和美国的卓别林是东、西方两株葳蕤的文化大树。有的文学批评家热情赞美贾平凹的长篇小说《秦腔》，认为《秦腔》在美学上已经超过了《红楼梦》。有的文学批评家高

---

① 张定璜：《鲁迅先生》，载台静农主编《关于鲁迅及其著作》，海燕出版社 2015 年版，第 23 页。

② [日] 柳宗悦：《热爱点什么，才能与世界相爱》，马超译，百花洲文艺出版社 2017 年版，第 12 页。

度赞扬作家阎连科的长篇小说《受活》，认为《受活》丝毫不逊色于《百年孤独》。”[①] 这些声音，毫无客观性，甚至违背了文艺批评基本的常识，很多却是由有身份有影响的文艺批评家发出的，不能不说是极不正常的现象，对于文艺创作有害而无益，只会阻碍文艺高峰的生成。

除了上述动力，再如经济利益、社会地位、个人感情、宗教信仰等，都构成文艺高峰的动力学因素。对于这些变量，我们很难一一列举，并像自然科学研究那样创建数学模型或公式，但这样的研究，无疑能够优化我们对文艺高峰何以生成的理解，对我们当下构建文艺高峰提供参考和借鉴。

概而言之，文艺高峰的生成不是一蹴而就的，既需要良好的生态保障，又必须相当的动力机制，唯其如此，才有可能出现文艺高峰。

（李修建　中国艺术研究院研究员）

① 熊元义：《期盼文艺“高峰”的出现》，《中国艺术报》2015 年 3 月 27 日。

试论“高峰”形成立基于重识和把握新时代文化内涵

郑长铃

十八大以来，党中央非常重视文化艺术工作。2012 年 11 月 15 日，习近平履新总书记，在会见中外记者时即谈道：“在漫长的历史进程中，中国人民依靠自己的勤劳、勇敢、智慧，开创了各民族和睦共处的美好家园，培育了历久弥新的优秀文化。”同年，习近平总书记提出：“我们决不可抛弃中华民族的优秀文化传统，恰恰相反，我们要很好传承和弘扬，因为这是我们民族的‘根’和‘魂’，丢了这个‘根’和‘魂’，就没有根基了。”

党的十八大以来，习近平也曾在多个场合提到文化自信，传递出他的文化理念和文化观。在 2014 年 2 月 24 日中央政治局第十三次集体学习中，习近平提出要“增强文化自信和价值观自信”。2014 年 10 月 15 日，习近平总书记主持召开文艺工作座谈会并发表重要讲话，这标志着习近平新时代中国特色社会主义文艺思想逐渐形成。在此次文艺座谈会上，习近平强调，改革开放以来，我国文艺创作迎来了新的春天，产生了大量脍炙人口的优秀作品；同时，也不能否认在文艺创作方面，存在着有数量缺质量、有“高原”缺“高峰”的现象，存在着抄袭模仿、千篇一律的问题，存在着机械化生产、快餐式消费的问题。而后，习近平新时代文化思想在十九大报告“坚定文化自信，推动社会主义文化繁荣兴盛”部分集中体现，内容紧紧围绕“什么是中国特色社会主义文化，怎样发展中国特色社会主义文化”这一重大课题深入展开。

从 2012 年强调继承优秀文化传统，到提出树立文化自信，到 2014 年具体落实到文艺创作高原高峰相关话题，再到 2017 年十九大报告系统全面地对文化的论述，呈现出我党新时代文化战略顶层设计的逐步完善。但考察近年来我们文化艺术创作的实际情况，其与上述设想存在的较大落差，确实值得我们责无旁贷地去思考、去寻找不能破题的原因。

笔者认为，文艺创作方面的“高峰”问题，不是简单的创作者个体的问题或者是哪个群体的问题，而是全社会的问题。其中包含着理论思考和创作实践等诸多方面，呈现出文化认知、认识领域和实践领域的复杂困境。

一、现象描述与问题提出

广义而言，文化是人的行为方式和价值体系的总集。当今，无论是经济发展、社会发展，抑或是对内、对外的发展过程中，好像都存在着一些问题，而把这些问题归纳起来看，不难发现这些问题最终都归结于文化的问题。（奈斯比特的观点）因此，如何看待文化，有什么样的文化关怀，就显得至关重要。

习近平总书记在十九大报告中指出：“文化是一个国家、一个民族的灵魂。文化兴国运兴，文化强民族强。”文化是一个国家、一个民族的思想引领、精神支柱、道德教养、知识哺育，也是一个国家、一个民族区别于别的国家、别的民族的重要标识。对于文化和价值观的问题，党和国家也已经非常重视。习近平总书记指出：“没有高度的文化自信，没有文化的繁荣兴盛，就没有中华民族伟大复兴。要坚持中国特色社会主义文化发展道路，激发全民族文化创新创造活力，建设社会主义文化强国。”把文化自信问题提高到能不能实现中华民族伟大复兴的高度来认识。2018 年 3 月 11 日，第十三届全国人民代表大会第一次会议通过《宪法修正案》，“社会主义核心价值观”被写入宪法，对于从根本上提升国家文化战略水平，提高我国软实力，提升社会道德水平和社会文明程度具有重大意义。2018 年，中共中央印发了《社会主义核心价值观融入法治建设立法修法规划》，体现了社会主义核心价值观由“软性要求”转化为“刚性规范”的法治导向，由国家强制力保障实施。

站在这样的角度看，文化不是单纯的文化人或文艺圈的事情，而是全社会和全民族的头等大事。同样，文化的高原与高峰，不仅仅是文艺创作者的事情，而是全党和全社会的大事。我们的文化创作，应该要关注民族文化底蕴内涵和人类文化格局，最关键的是，关注其中所展现出来的价值观。此外，今天的中国已经是国际上重要的大国，我们不能仅仅关注和表现自己的民族文化，更重要的是要有人类文化的宏观格局。

然而，必须承认的是，当今社会上的一些现象，或是发展当中的一些矛盾，或是国民修养素质的不足，或多或少都反映出目前价值取向方面存在的诸多问题。考察近几年的社会热点，与价值观相关的负面事件层出不穷，这无不凸显完善社会主义核心价值观的重要性。与此同时，在文艺创作领域，每年创作的歌曲、小说、电影、电视剧等堪称海量，但其中反映社会主义核心价值观并能传唱传世的又有多少？网络上更有人指出：国内的文艺作品创造力不够，90% 属于模仿和复制。有一种观点在创作和评论界都很流行，就是市场经济导致了今天的各种社会弊端，也导致了文艺创作的媚俗、责任感丧失等。不能说市场经济必然导致文艺创作的媚俗化，资本主义社会初期的市场经济也产生过伟大的批判现实主义作品。关键在于，实行市场经济的同时，作家作品能否独立批判现实，如果不能，就容易导致作家拥抱媚俗。还有一种说法，中国的经济总量可能在二三十年内超过美国，可是中国文化的国际影响力可能一百年也未必超过美国。当然这只是一些人的观点，但在某种程度上也反映了我国在文化建设道路上仍需努力的现实。

二、把握新时代文化内涵变化

文艺界的浮躁、急功近利，实质问题在于没有明确的文化定位、没有真正确立核心价值观。我们今天提出社会主义核心价值观，但是我们的文艺创作是否都很好地融入了、消化了、蕴含了、展示了社会主义核心价值观的内容？还是只是浅表地将其变成一种符号的解释？当代文艺创作有“高原”缺“高峰”，根源在于对社会主义文化的本质内涵认识不足，最核心的问题是价值观的确立问题。

什么是中国特色社会主义文化？习近平总书记在十九大报告中说：“中国特色社会主义文化，源自于中华民族五千多年文明历史所孕育的中华优秀传统文化，熔铸于党领导人民在革命、建设、改革中创造的革命文化和社会主义先进文化，植根于中国特色社会主义伟大实践。”这段话讲清了这样几个重要问题：一是中国特色社会主义文化由中华优秀传统文化、革命文化和社会主义先进文化三个部分组成；二是中国特色社会主义文化的生成和发展，中华优秀传统文化是源头，党领导人民进行的革命、建设、改革是熔炉，中国特色社会主义伟大实践是土壤；三是中国特色社会主义文化是中国特色社会主义中国的文化，是中华民族的文化，是当代中国、当代中华民族的灵魂。这实际上对什么是中国特色社会主义文化做出了科学界定。

从具体的文化来讲，我们可以把“五位一体”作为现阶段文化和价值观的一种具体要求。“五位一体”可以理解为我国价值观的重大变化：发展不仅仅是经济或物质领域的发展，而且也是经济、政治、文化、社会、生态诸多领域的协调、统一、均衡发展。比如，如果经济发展跟不上文化建设，就会出现拜金和道德败坏的现象；如果经济发展跟不上生态文明建设，就会产生严重的环境污染；如果经济发展跟不上政治文明建设，就会产生更大的环境污染。不受限制的公共权力进入经济发展领域，必然会扭曲经济发展，阻碍经济发展。这自然与新发展理念（创新发展、协调发展、绿色发展、共享发展）中的“共享发展”问题有关。共享发展是指发展要符合正义，其利益要由不同的社会阶层共同享有，有利于不同的社会阶层，特别是社会底层，不被强权阶层所垄断。“五位一体”是一种全面的国家发展战略，更是一种全新的国家价值观。

我们有些领导、文化人、文艺创作者提出要攀登文化艺术高峰，可是我们对文化和价值观却不甚了了。一讲起文化，讲着讲着就变成了文化产品，讲着讲着就变成了具体的文化表现形式，而文化真正的本意、底蕴和它的内涵却被我们忽略了，文化就被变成了窄小的、没有活力的对象，或者仅仅是文化知识层面的认知。所以，在创作当中要想把握“文化的思想性”这个问题，就要引起所有创作者、批评者、消费者足够的重视和认真的思考。习近平总书记在文艺座谈会上要求“文艺工作者要志存高远，随着时代生活创新，以自己的艺术个性进行创新”。笔者认为，这里的“志”可以理解为“思想性”。只有确立了正确的价值观、精神高度，正确地把握住了文化的根本内涵，才能确立起我们的自信，才能创作出不愧于这个时代的、具有艺术价值的高峰作品。有一幅漫画形象而深刻，一现代作家指着曹雪芹说：“我已经著作等身，你却一辈子连部小说也没写成。”曹雪芹“披阅十载，增删五次”，乃有不朽之巨著。急功近利，不想赢得人民，只想赢得人民币，必然会制造无数垃圾，更是对社会精神生活的一种伤害。仅有创作的数量是不行的，没有“文化”思想的创作，再多的成果也只能是“物品”，而不是作品。正如习主席在文艺座谈会上讲的：“文艺不能在市场经济大潮中迷失方向，不能在为什么人的问题上发生偏差，否则文艺就没有生命力。低俗不是通俗，欲望不代表希望，单纯感官娱乐不等于精神快乐。精品之所以‘精’，就在于其思想精深、艺术精湛、制作精良。”

艺术创作讲究形式与内容的高度统一。在历史上，我们有不少这样优秀的作品。在不同的历史时期，只要这些作品有明确的文化情怀、价值观，在形式上、内容上与时代脉动相一致，它就会恒久地感动人们，如《黄河大合唱》《长征组歌》等。《黄河大合唱》诞生已经 80 周年，但每当耳边响起这激昂的旋律，仍让人热血沸腾。因为其中体现出的顽强不屈的信念，仍然流淌在中华民族的血液当中。就像著名表演艺术家田华所说：“《黄河大合唱》是民族的……它是世界上的一个伟大作品！什么叫文化自信？这就是文化自信！”“在《黄河大合唱》80 周年的今天，它仍能给我们一种力量、一种动力把世界人类的和平之路永远走下去不停步！”今天我们回头再看这些作品，虽然在艺术表现的形式上、内容上由于时代的不同，已经不能同日而语（技术上、科技手段运用上），但是由于它们真正把握住了民族文化的内涵底蕴、人类文化格局、文化本质，真正把握住了价值的定位，所以它们还是非常感人的，是无愧于时代的、历史的经典。

同时，文化创造、文化创新需要思想创新的土壤，需要给创作者足够自由的创作空间和思想空间。而我们的环境是不是鼓励思想创新，容忍思想市场，这是需要引起重视的；文艺创新需要文化原创人才，如编剧、作家、艺术家等，他们是真正的文化创造者，我们对他们的保护力度、支持力度是不是做到位了？只有保护他们的智力成果，让他们有足够的条件和尊严安心搞创作，伟大的作品才有可能产生，时代的高峰才有可能铸就。

三、重识文化，高峰在前方

实现中华民族伟大复兴需要中华文化的繁荣兴盛，正如习总书记所说，推动中华优秀传统文化创造性转化、创新性发展，继承革命文化，发展社会主义先进文化，不忘本来、吸收外来、面向未来，才能更好地构筑中国精神、中国价值、中国力量，为人民提供精神指引。

（一）确立中华文化立场

习近平总书记在十九大报告中明确指出：“中国共产党从成立之日起，既是中国先进文化的积极引领者和践行者，又是中华优秀传统文化的忠实传承者和弘扬者。”之前，习近平总书记在2014年文艺座谈会上的讲话中就已经提道：“传承中华文化，绝不是简单复古，也不是盲目排外，而是古为今用、洋为中用，辩证取舍、推陈出新，摒弃消极因素，继承积极思想，‘以古人之规矩开自己之生面’，实现中华文化的创造性转化和创新性发展。”

中国共产党从成立之日起就高度重视中华优秀传统文化的传承和弘扬，

在传承弘扬中华优秀传统文化的工作中，着力做了这样几件事：第一，确立中国优秀传统文化在中国文化中的坚实地位，始终强调中华文化源远流长，优秀的传统文化是中华文化的根源和源泉。第二，清除浮渣，提炼精华，积极挖掘和发掘优秀的中国传统文化。中国的传统文化如大海之水，是浩瀚而永无止境的。这浩瀚的水，肯定有泥泞的淤泥。中国共产党做了一件非常明智的事情：过滤混浊的水，清除污泥，把文化中清澈、营养、美味的水引入革命、建设和改革的大潮中，使优秀的中国传统文化在振兴中华民族伟大事业中发挥积极作用。第三，古为今用、推陈出新。把中华优秀传统文化融入革命文化和社会主义先进文化。中国共产党提出了“古为今用、推陈出新”的方针，对思想观念、人文精神、道德规范、处世哲学和正确治国经验进行挖掘、加工和选择。赋予中国传统文化新的应用价值和时代意义，并将其推广应用于党和国家的工作，促进革命、建设和改革。第四，中国优秀传统文化的创新转型与发展，这是习近平总书记在中国特色社会主义新时代提出的应用和发展优秀传统文化的重要思想。在坚持和发展中国特色社会主义的伟大实践中，关键是创造性地改造和创新性地发展中国优秀的传统文化，使我国 5000 多年来不断发展和丰富的传统文化得到充分利用和发展，使之焕发新的活力，促进新时代中国特色社会主义的发展。这不仅为中国优秀传统文化的生存和发展指明了正确的道路，也为新时期中国特色社会主义文化的繁荣和发展找到了新的力量。

可以欣喜地看到，在这样的大背景下，近年来也涌现出了一批在中国传统文化基础上打造出的文化精品。2019 年，取材于中国传统神话传说的动画电影《哪吒之魔童降世》凭借新颖的人物造型，富有传统文化韵味的细节设置，颠覆性的剧情编排，精彩的特效制作，以及对命运顽强抗争的深刻主题，上映第五天就突破国产动画电影内地票房纪录，并且入围奥斯卡最佳动画初选名单。可见，从传统文化中挖掘创作素材，进行创新，不仅能促进文化产业的发展，还能更好地讲述中国故事，向世界展示中华文化的独特魅力。

这一次国家推动的传统文化复兴热潮，从本质上不是一次简单的复古，是一次基于当前中国整体的政治、经济和社会形势，做出的一个重大的思想文化战略谋划。从政治上考量，如何以中华民族的精神文化寻根之旅来筑牢中国人民共同的精神基石，以文化认同来构筑价值认同，以文化认同来抵制西方价值观的侵袭，是弘扬中华优秀传统文化的政治目标。从文化自身考量，中国当前物质文明发展和硬实力建设上相对有优势，而精神文明建设和软实力建设处于短板阶段，以鲜明的中华文化立场，来整体推进中国的精神文明建设和文化软实力建设，形成和确立中华民族的独特精神和文化品格，是弘扬传统文化的当代文化发展目标。

（二）旗帜鲜明弘扬社会主义核心价值观

习近平总书记在报告中指出：“意识形态决定文化前进方向和发展道路。”他强调必须推进马克思主义中国化、时代化、大众化，建设具有强大凝聚力和引领力的社会主义意识形态，使全体人民在理想信念、价值理念、道德观念上紧紧团结在一起；提出要加强理论武装，推动新时代中国特色社会主义思想深入人心；要求深化马克思主义理论研究和建设，加快构建中国特色哲学社会科学，加强中国特色新型智库建设；重申要落实意识形态工作责任制，加强阵地建设和管理，注意区分政治原则问题、思想认识问题、学术观点问题，旗帜鲜明地反对和抵制各种错误观点。

要培育和践行社会主义核心价值观。习近平总书记在报告中指出：“社会主义核心价值观是当代中国精神的集中体现，凝结着全体人民共同的价值追求。”为此，他强调：要以培养担当民族复兴大任的时代新人为着眼点，强化教育引导、实践养成、制度保障，发挥社会主义核心价值观对国民教育、精神文明创建、精神文化产品创作生产传播的引领作用，把社会主义核心价值观融入社会发展各方面，转化为人们的情感认同和行为习惯；要坚持全民行动、干部带头，从家庭做起，从娃娃抓起；要深入挖掘中华优秀传统文化蕴含的思想观念、人文精神、道德规范，结合时代要求继承创新，让中华文化展现出永久魅力和时代风采。

要加强思想道德建设。在党的十九大报告中，习近平总书记指出：“人民有信仰，国家有力量，民族有希望。要提高人民思想觉悟、道德水准、文明素养，提高全社会文明程度。”为此，他强调要做好以下工作：要广泛开展理想信念教育，深化中国特色社会主义和中国梦宣传教育，弘扬民族精神和时代精神；要深入实施公民道德建设工程，推进社会公德、职业道德、家庭美德、个人品德建设；要加强和改进思想政治工作，深化群众性精神文明创建活动；要弘扬科学精神，普及科学知识，开展移风易俗、弘扬时代新风行动，抵制腐朽落后文化侵蚀；要推进诚信建设和志愿服务制度化，强化社会责任意识、规则意识、奉献意识。

只要民众都践行社会主义核心价值观，我们的文艺作品就有了攀登高峰的切实动力。社会主义核心价值观不是空泛的口号，而是存在于生活点滴之中，与我们的生活息息相关。2019 年 9 月上映的《我和我的祖国》，作为一部主旋律电影，之所以能在大片霸屏的国庆档成为全民热议的话题，打动万千观众，正是因为贴近生活，用平凡的小人物的故事，组成了新中国成长的诗篇，弘扬了社会主义核心价值观。正如网络影评所说：“以人为本，从小人物出发，千万个做好自己的人，汇聚在一起就建设出了一个美丽的中国。我们的国家为什么好？因为人好。人哪里好？这部电影给到的答案，便是它最好看之处。”

（三）以民众生产生活为切入点，承继文脉，号准时代脉搏

习近平总书记在 2016 年中国文联十大、中国作协九大开幕式上的讲话中提道：“古今中外，文艺无不遵循这样一条规律：因时而兴，乘势而变，随时代而行，与时代同频共振。”2019 年习近平总书记参加文艺界社科界联组会时提出了“四个坚持”：坚持与时代同步伐、坚持以人民为中心、坚持以精品奉献人民、坚持用明德引领风尚。其中，总书记在“坚持与时代同步伐”中提道：“为时代画像、为时代立传、为时代明德。”在“坚持以人民为中心”时提道：“文化艺术工作者要‘用心用情用功书写人民、描绘人民、歌唱

人民’。”

文艺创作应坚持思想与艺术创作的统一，坚持创作的内容性和创造性原则，提高文艺创新能力，突破和超越探索，取得新的融合成果，努力增强文艺作品的吸引力和感染力。重点支持文学、剧本、作曲的原始和基本环节，注重个性化创作，避免过度重复和改编。要统一继承、创新和交流，深入挖掘和提炼优秀传统文化的有益思想艺术价值，积极吸收各国优秀文化成果，使文艺更符合时代潮流，更好地领导社会时尚。推动文艺与新技术、新形式、新模式、新媒体有机融合，以数字技术为先导，积极推动文艺创作生产方式的转变和进步，丰富创作手段，拓展艺术空间，不断提高艺术品位和核心竞争力。

文化创造不能闭门造车。第一，我们必须把实践、深入实践和研究实践相结合，在丰富生动的实践基础上建立创新。只有这样，才能创造出符合实际、符合人民需要、符合社会需要的文化精品。就像诺贝尔文学奖获得者莫言所说，文学作品必须时刻贴近百姓生活，才会有生命力，一个好的作品必须与生活紧密相连，作家应该知道老百姓在想什么，所希望的是什么，最大的痛苦是什么。新时期中国特色社会主义是伟大的实践。只有关注、参与、研究和反思这一实践，才能创造出有助于推动这一伟大实践成功的文化创造。第二，我们不应偏离时代，而应顺应时代，实现文化进步。文化是时代的产物。每一时期的文化都深深地打上了时代的烙印，服务于时代，在服务于时代的过程中实现文化进步。任何一个时代的经典文艺作品，都是时代精神的生动写照，不论是鲁迅对黑暗时代的反思，还是余华小说中小人物面对生活苦难的顽强挣扎，都因为贴近时代生活而拥有打动人心的强大力量。这是时代和文化的发展逻辑。新时代中国特色社会主义是中国特色社会主义发展的新阶段，是中国特色社会主义发展的新进步。因此，我们的文化必须遵循时代的足迹，与时俱进，体现时代，歌颂时代，促进时代，实现文化在这一过程中的进步。

（四）引导社会尊重艺术创作的客观规律

文化的优秀、国家的强大、人民的力量，就是我们文化自信的强大底气，是文化自信的水之源木之本。正如习近平所说：“站立在960万平方公里的广袤土地上，吸吮着中华民族漫长奋斗积累的文化养分，拥有13亿中国人民聚合的磅礴之力，我们走自己的路，具有无比广阔的舞台，具有无比深厚的历史底蕴，具有无比强大的前进定力。中国人民应该有这个信心，每一个中国人都应该有这个信心。”既然我们有这个文化自信，就应该尊重文艺创作的客观规律，允许符合生活逻辑的创作和作品。

专业的艺术创作要尊重客观规律，同时尊重创作者的个性，这一点在文艺界已经取得较多共识。举个影视作品的例子，《亮剑》里面的李云龙，在我们过去看过的影视剧中，八路军的高级将领肯定不是这种形象（有的时候他的言行都像社会赖皮的样子了），但是这种创作确确实实让人感觉到很真实，很感人。给创作者或者是创作提供一个宽松的有弹性的创作空间，才会有更多这样动人的作品，甚至这个弹性可以更大一点，这样的话，就能在尊重艺术创作规律的基础上形成好的作品。

一个不可否认的事实是，我们的文艺还必须植根于社会大众当中。只有社会公众更多地在价值观上认可尊重艺术创作规律的作品，认可尊重艺术创作规律的作者，我们的文艺才能出现“高峰”。随着我国经济的持续健康发展和国民收入的稳步提高，精神文化消费近年来一路攀升，丰富了广大群众的精神生活，提高了群众的生活质量。对我国文化、传媒、旅游、信息、餐饮等相关产业也产生了巨大的拉动作用，也反映了社会审美风尚和大众审美的变化。这一过程中，许多现象值得我们认真思考。有人认为，我们的大众文化仍在一步一步地庸俗化，我们的大众美学也在逐渐趋同：欣赏“最大限度地刺激人们的视听感官，呈现赤裸裸的欲望”的节目。

鸦片战争以来，中国一直处于屈辱和痛苦之中，中国人民长期处于受伤害和羞辱的状态。几千年来积累的辉煌，在短短的一百多年里就消失了。在这个全国忧患蒙羞的状态下，中国所有有识之士都开始反思导致中国出现这种局面的原因，一直是社会主流文化的士大夫文化，不可避免地被视为罪魁祸首之一。既然我们“找到”了落后的症结，剩下的就是替代和批评。五四以来，一代又一代的中国知识分子在批判传统精英文化的同时，也在寻求其替代。但是，旧道德体系的破坏并不意味着新道德体系的建立。建设一个新的系统是一项复杂而艰巨的系统工程。但是，中国的特殊性在于，当我们的新制度没有完成，围栏没有收紧时，我们已经加入了世界，迎接信息爆炸时代的到来，这一时代通过互联网和卫星将世界流行文化聚集在一起。因此，公众的审美观和价值观亟待引导，这也是我们文艺创作能攀上世界高峰的关键条件。

（五）前瞻性地培养未来攀登“高峰”的主力

加强合理规划和注重人才培养是重中之重。

1. 加强文化战略规划

经济领域的供给侧改革在文化领域同样非常急迫。从近几年来的文化市场现状来看，各类文艺作品陷入了“叫座不叫好，叫好不叫座”的怪圈。习近平总书记在文艺工作座谈会上反复强调，要抓精品，出“高峰”，需要我们一以贯之地加以体会和治理。在确立正确的文化观、中华文化立场的前提下，国家应该编制文化艺术创作的规划。

同时，在制定战略规划时，我们还是要清醒地意识到，文化内容生产的供给侧改革是一项长期而又艰巨的任务，不可能一蹴而就，需要做好持续战斗的准备。国家意志主导下的文艺精品创作，比如各类国家精品文艺创作工程，一定程度上可以推出一批主旋律精品，但是随着文化消费的多元化发展，我们更需要尊重文艺创作自身的规律，更多地为文艺创作提供良好的创作环境、创作土壤，发挥每一位文艺创作者的主观能动性和个性。

此外，文化不同于其他物质经济领域，属于精神领域的范畴，属于软性内容。政府与市场、社会之间直接对话、直接碰撞的刚性管理机制并不能保障文化的有效管理，需要更加柔性的、宽松的管理机制和环境。西方国家大量的文化中介组织、民间基金会等机构的设立，有效地承担了政府与市场之间的“缓冲地带”的职责，减少了政府的越位，促进文化艺术的繁荣。我们要进一步改革文化体制机制，将政府的文化职能从传统管理转变为现代治理，从管文化向办文化转变，在文化资源的配置中管住该管的、放开该放的，实现参与治理主体的多元化。

2. 注重文艺人才培养

应该对艺术家进行社会主义核心价值观的培训，对后起人才进行培养。要彻底摒弃西方中心主义，以音乐界为例，目前国内的音乐院校，比如中央音乐学院、上海音乐学院，整个体系包括教育方法等，基本框架全部都是西方音乐的，即使设了中国音乐学院，还是模仿西方的体系，所以名不副实。这样就很难真正从我们的教育里面孕育出中华民族音乐的人才。从二度创作的角度，我们有中央民族乐团，有中国交响乐团，有中国芭蕾舞乐团，等等，可是创作的机制也是有问题的。比如中央民族乐团，且不说它的整个编配体系移植于西方，就其艺术创作而言也存在进一步提升的空间。比如说《印象国乐》，它的文化定位是模糊的，其创作理念与表现手段也存在着一定的脱节，由此进一步造成了创作者与表演者之间的艺术理念，甚至是文化观念之差异。所以这种二度创作的机构或者是机制问题，也会直接影响一度创作“高峰”作品的出现。

所幸我们国家现在已经注意到了这些问题，前几年已经有国家艺术基金的推动，现在已经有很丰厚的成果。但是更应该要总结经验，开拓途径，多渠道切实地促进创作的繁荣。2015 年岁末，中共中央办公厅、国务院办公厅公布《关于全国性文艺评奖制度改革的意见》，要求破除评奖过多过滥、奖项重复交叉、程序不尽规范、个别作品脱离群众的弊端，以压缩数量提升质量，以规范评审扶持精品、引导创新。2016 年元月，《2016—2017 年全国文艺骨干和管理干部培训工作规划》出台，由中宣部和中国文联共同举办的深入学习贯彻习近平总书记文艺工作座谈会重要讲话第一期专题培训研讨班启动，拉开了全国文艺骨干和管理干部培训的大幕。按照这一规划，两年内将培训13万名文艺工作者。文化建设作为“五位一体”建设中的重要一环，已浓墨重彩地写入党中央关于“十三五”规划的建议。“扶持优秀文化产品创作生产”“加强文化人才培养”“繁荣发展文学艺术”将成为未来五年经济社会发展的重要内容。

四、结语

习近平总书记主持召开文艺工作座谈会的最后，他援引朱熹《春日》诗句，对文艺工作和文艺工作者寄予厚望：“希望文艺战线和广大文艺工作者不辜负时代召唤、不辜负人民期待，创造出更好更多的文艺精品，为推动文化大发展大繁荣、建设社会主义文化强国做出新的更大的贡献！”如何创造更好、更多的文学艺术作品？如何从“高原”向“高峰”转移？这已成为中国文学艺术发展的“时代之问”。这是一个严肃的问题。中国梦的伟大复兴，要求文学艺术精品不断涌现，“两个一百年”的奋斗目标，要求无数中国文艺创作者立足当下，弘扬中华精神，传播中华价值，凝聚中华力量。

（郑长铃　中国艺术研究院研究员）

刍议创造“高峰”的主体性条件

吕品田

在文艺工作座谈会上，习近平总书记肯定了改革开放以来的文艺创作成就，同时也指出文艺创作方面存在着有“高原”缺“高峰”的现象。如何推动文艺创作从“高原”走向“高峰”，是一个亟待破解的时代命题。

“高峰”问题很复杂，不是说三言两语或者说不经过一番功夫就能够真正解题的。这就像喜马拉雅山脉耸立在青藏高原那样，它关系着特定的地壳运动和地质构造体系，而要攀登上珠穆朗玛峰也需要具备一系列相应的条件。当然这不是说文艺创作的“高峰”一定是集体性创作，而是说“高峰”的形成以及要想攀上“高峰”势必涉及方方面面的因素。对于此问题，需要全面、深入地展开讨论。

这里，本人着重就艺术创作从“高原”走向“高峰”以至创造“高峰”的主体性条件问题，谈一点不很成熟也不够系统的个人理解。

首先，我们需要了解“高峰”的含义。

在文艺工作座谈会讲话中，习总书记强调“衡量一个时代的文艺成就最终要看作品。推动文艺繁荣发展，最根本的是要创作生产出无愧于我们这个伟大民族、伟大时代的优秀作品”，并指出“只要有正能量、有感染力，能够温润心灵、启迪心智，传得开、留得下，为人民群众所喜爱，这就是优秀作品”。

因此，“高峰”的基本含义是创作生产出“优秀作品”，并且是堪与民族和时代之伟大相匹配的优秀。按照习总书记的讲话精神并结合他对于优秀艺术作品的全面论述，真正优秀并堪称高峰的作品是“三性”统一、“三精”具备、“三有”俱在的作品。所谓“三性”统一，是说思想性、艺术性、观赏性有机统一；所谓“三精”具备，是说思想精深、艺术精湛、制作精良；所谓“三有”俱在是说有筋骨、有道德、有温度。

我理解，这是以艺术作品为依据的关于艺术创作“高峰”的基本描述以及判断标准。这三方面是有内在联系的，“三性”统一是把握创作、评价作品的总体要求和基本原则，“三精”具备是要求于作品的质量标准，“三有”俱在则是要求于作品的价值标准。当然，这些作为判断标准所提出的高度概括、提炼的概念，其丰富的内涵有待我们作更加深入的领会、更加细致的解读和更加系统的把握。这本身也是一个重要的课题。譬如，就“三性”有机统一这个总体要求和基本原则而言，所涉内涵包括传播当代中国价值观念、体现中华文化精神、反映中国人审美追求；包括把社会主义核心价值观生动活泼、活灵活现地体现于创作，化作具有肯定或否定、赞扬或反对之明确态度的栩栩如生的作品形象；包括以爱国主义为主旋律，引导人民树立和坚持正确的历史观、民族观、国家观、文化观，增强做中国人的骨气和底气；包括传递真善美，传递向上向善的价值观，引导人们增强道德判断力和道德荣誉感，向往和追求讲道德、尊道德、守道德的生活；包括传承和弘扬中华美学精神，讲求托物言志、寓理于情，讲求言简意赅、凝练节制，讲求形神兼备、意境深远，强调知、情、意、行相统一；包括能够真正深入人民精神世界，触及人的灵魂、引起人民思想共鸣……

有“高原”缺“高峰”的问题，根本地表现在目前我们的艺术创作还不能创作出堪与民族和时代之伟大相匹配的优秀之作，或者说眼下的艺术作品离“三性”统一、“三精”具备、“三有”俱在还有距离。在我看来，问题的原因首先要到创作主体方面来寻找，要从艺术家的主观性上来辩证。大量的艺术实践表明，客观环境和物质条件固然需要，但真正对艺术创作状态和作品质量起决定作用的还是艺术家本身，是艺术家的主体性。就艺术创作自身规律而言，优秀的艺术作品的产生根本地关系着一种与艺术创作特点和要求相适应的创作状态，这种创作状态与艺术家的精神世界直接关联并直接体现其思想和情感状态。因此，艺术家具有与艺术创作特点和要求相适应的主体性，这是实现“高峰”创作要求的前提条件也即主体性条件。总之，艺术家自身具备攀登“高峰”、创造“高峰”的素质和能力，是一个首要的问题。

在我看来，创造“高峰”的素质和能力即主体性条件，大体应该包括四个方面：坚定的理想信念、丰沛的人文情怀、深刻的学理把握和精湛的专业技能。

坚定的理想信念，涉及艺术创作及作品的灵魂问题。从主体角度来说，它是能够鼓舞信心、鼓舞勇气、体现意志的一种内在的精神条件，是有核心价值观作为支柱的一种不为外力所动、百艰不摧、强韧执着的精神世界。习总书记将其归纳为“中国精神”，强调它是社会主义文艺的灵魂。

每个时代都有每个时代的精神，一定的时代精神也一定是这个时代核心价值观的体现。中华民族几千年生生不息、薪火相传、顽强发展的重要原因，在于中华民族有一脉相承的精神追求、精神特质、精神脉络，有让这个族群魂有定所、行有依归的核心价值观。一定的核心价值观关系着审美认识上对真善美的一定判断，也关系着艺术创作上“文以载道”的一定道统表现。

作为当代中国的时代精神、体现时代核心价值观的“中国精神”，有三方面的内涵。首先是社会主义核心价值观。这是“中国精神”中最为基本、最具统摄性也最体现时代性的意涵，是当代中国各族人民赖以维系的精神纽带，是全体国民共同的思想道德基础。作为理想信念，这是最需要坚定把握的。在社会主义核心价值观中，最深层、最根本、最永恒的是爱国主义。作为“中国精神”的又一层意涵，这是关系家国情怀的理想信念因素，以之为主旋律的艺术创作及作品，能够引导人民树立和坚持正确的历史观、民族观、国家观、文化观，增强做中国人的骨气和底气。“中国精神”的再一层意涵是中华文化思想理念和道德规范，这是关系文化自觉和文化自信的理想信念因素。习总书记强调“中华优秀传统文化是中华民族的精神命脉，是涵养社会主义核心价值观的重要源泉”。坚定文化自信，守住文化传统血脉，是我们在世界文化激荡中站稳脚跟的坚实根基，也是推动中国艺术沿自身道路前进的更基本、更深沉、更持久的力量。不背叛自己的历史文化，坚守中华文化立场、传承中华文化基因，展现中华审美风范，必须成为一种坚定的理想信念。

对艺术创作来说，理想信念是灵魂性的东西，极为重要。眼下之所以缺“高峰”，就是因为这方面有缺失。在艺术创作中，坚定的理想信念作为有核心价值观为支柱的精神世界，是结构作品的精神纽带，归纳思想的价值核心。艺术作品达到思想精深、具有筋骨，在于其内容和形式被一种精神纽带强有力地扭结在一起，这意味着艺术作品在思想情感表达上的凝练和集中，核心价值观能够为这种凝练和集中提供强有力的归纳。坚定的理想信念作为有核心价值观为支柱的精神世界，是整饬艺术语言的内在逻辑，彰显审美气象的心理源泉。表达思想的艺术语言，需要被思想的逻辑所组织，需要形成指向一定思想情感的表意结构和表现方式，这是艺术作品思想精深、具有筋骨在内形式方面的体现。艺术作品上的精神面貌、审美气象是艺术家精神世界、思想状态的展现。坚定的思想认识和明确的表现意向，作为艺术创作的心源，自然会在作品上彰显外化为刚健明快的审美气象。“高峰”之作超凡脱俗的审美气象，自然是超凡脱俗之坚定理想信念的品格表露。坚定的理想信念作为有核心价值观为支柱的精神世界，体现着高尚的人格修为，是艺术家平抑浮躁的定力支持、耐住寂寞的大志来源。

高尚的人文情怀，是怀有道德良心的心境或胸怀。即如“生于忧患，死于安乐”“先天下之忧而忧，后天下之乐而乐”的忧患意识，“天下兴亡匹夫有责”“位卑未敢忘忧国”的责任感，“以天下为己任”“为天地立心，为生民立命，为往圣继绝学，为万世开太平”的担当精神，“修己以敬，修己以安人，修己以安百姓”“安得广厦千万间，大庇天下寒士俱欢颜”的为民之心，“人生自古谁无死，留取丹心照汗青”的英雄气概……都是高尚人文情怀的体现。因为悲天悯人、忧国忧民、尚志担当，高尚的人文情怀每每透出超凡的洞察力，呈现“一叶知秋”“于无声处听惊雷”的敏锐敏感，能够从平常细微的生活现象中体察事物的本质意义或社会发展的趋势。

在艺术创作活动中，这样的主体性条件能促使艺术家对客观现实始终保持与社会道义取向相一致的情感态度，并且将自己对客观现实的情感态度诸如爱慕、憎恶、信任、同情等充分而鲜明地体现在他所塑造的艺术形象中，进而通过艺术形象作用于欣赏者的情感，影响欣赏者形成对客观现实的同样符合社会道义取向的情感态度，从而推动社会向上向善发展。拥有高尚人文情怀的艺术家，其对事物的认识往往体现着思想与情感的协调一致，其构思和传达活动中所涉及的判断、分析和选择，以及想象、感觉、知觉、记忆等一系列心理能力，都受到与自己的深切情感体验协调一致的正确思想和道德良心的引领，以至每每能够抓住生活现象中具有本质意义的事物，塑造出个性鲜明、感染力强烈的艺术形象。

深刻的学理把握，是强调思想认识，注重相关学养、涵养和修养的主体性条件，主要体现在对社会规律和艺术规律的把握上，并终归表现为世界观的掌握。

生活实践是艺术创作的源泉和基础，但艺术家并不是消极被动地对待生活，而是有所选择、有所评价的。作为艺术家对现实的审美意识的表现，艺术作品体现着艺术家对真假、善恶、美丑的认识。艺术家对生活的认识是否正确，所作出的判断和评价是否正确，能否深刻地揭示生活的本质，这一切最终都要取决于艺术家的世界观。尽管艺术家的世界观不能脱离他对生活的感性的具体认识，不能违背审美意识活动所特有的规律，也不以理论形态的抽象概念和论断而呈现，但它总是作为对现实的审美意识的有机组成部分而在艺术创作中发挥重要作用。列夫·托尔斯泰为此强调，一个艺术家要创造出伟大的作品，就“必须处于他那个时代的最高的世界观水平”。即如屈原、顾恺之、韩愈、苏轼、曹雪芹、石涛等，他们既是伟大的艺术家，也是伟大的思想家。古人说“读万卷书，行万里路”“世事洞明皆学问，人情练达即文章”，就是强调理性思维和感性直观、理论学习和生活经验的统一。因此，艺术家要提高自己认识生活的能力，要形成自己对世界的根本性的认识，就需要掌握尽可能丰富的知识。从历史来看，所有伟大的艺术家都有着较广较深的知识，也因此他们在看待社会生活和艺术创造方面，才有超出一般的认识高度和深度。在生活实践基础上，尽可能充分地掌握能够增强理性认识能力的理论和知识，并且尽可能充分地将其与自己所拥有的全部生活经验结合起来，真正形成和掌握一种正确的世界观，是艺术家追求卓越的必要主体性条件。今天的艺术创作之所以缺乏“高峰”，与这方面的缺失有很大关系，与不重视世界观及思想理论的掌握有很大关系。

在文艺工作座谈会讲话中，习总书记谈到了“现实主义精神和浪漫主义情怀”问题。这在早先的理论话语中是关系现实主义创作方法以及“艺术真实性”的重要理论问题。在马克思主义文艺理论体系中，现实主义被认定为一种与历史逻辑或客观规律相联系的客观的创作方法，具有意识形态性质。作为反映历史逻辑的真实性要求，构成现实主义的精神前提和基本原则。在创作方法上，它具体表现为以写实形式对现实生活作如实的反映，即“写真实”或“再现生活”。现实主义的真实性原则，有其本质论的理论基础。在黑格尔看来，历史是“绝对理念”展现自我和自我实现的过程。他以辩证法思考历史，认为现象与本质是对立统一的，现象是本质的表现，本质则必然表现为现象。马克思把黑格尔“用头立地”的“现象—本质”框架颠倒过来，变绝对精神为客观规律，从而为现实主义的强调反映生活现象的真实性提供了理由。也就是说，只有首先以写实形式如实地反映生活现象，才有可能通过现象的客观再现揭示潜藏其中的本质或客观规律。由此，一切非写实形式的所谓形式主义，作为并非如实表现生活现象以致非真实的方法，首先受到现实主义的反对。

然而，从理论上说，如实反映客观现实就必然排除任何的社会目的或宣传意图。譬如具体到当代中国情境，仅仅真实地再现生活现象的艺术，就必然排除对国家意识形态共同主题的叙述，也就不可能完成传播理想信念、激发奋斗热情、培养高尚情操的社会使命。因此，意识形态化的现实主义必然要强调另一个根本原则——典型化原则。如恩格斯所言：“现实主义除了细节的真实外，还要真实地再现典型环境中的典型性格。”所谓典型化，实际上就是按照社会现实应该有或将要有的状态来描写，或者说是核心价值观所描述的理想状态来描写。“文艺作品中，反映出来的生活却可以而且应该比普通的实际生活更高，更强烈，更有集中性，更典型，更理想，因此就更带普遍性。”毛泽东《在延安文艺座谈会上的讲话》中的这段话，把典型化原则表达得最明白不过了。

实际上，只有认识到典型化原则是现实主义的最根本原则，才真正把握了现实主义作为“主义”、作为创作方法的关键。现实主义创作方法在理论上解决了如何认识和把握现象与本质、个别与一般，以及历史真实与艺术真实辩证关系的问题。对现实主义而言，艺术形象的真实性不在于仅从表面上记录客观事物现象的逼真（这属于自然主义作风），还在于它通过艺术家对现实的能动把握而具有“典型性”。艺术真实在于艺术家所创造的艺术形象是现象与本质、个别与一般相统一的典型形象，即以个别体现一般、将一般寓于个别以至比现实生活中的形象更集中鲜明地显示事物本质或历史规律及趋势的艺术形象。而艺术形象创造的典型化过程，就是发挥艺术家基于生活实践的想象力，透过现象认识本质，打破直接经验的局限，去综合和改造生活中的丰富感性形象，从而造就出充分显示对象个性和本质的理想化形象的过程。判断现实主义艺术描写的生活是否真实，并不取决于它与日常生活现象的近似程度，而取决于它贴合国家政治理想及其社会主体理性的程度。这意味着现实主义艺术所表现的不是“已经如此”而是“应当如此”的生活。这种真实观使现实主义必然排斥自然主义而亲近理想主义。因此，我们的艺术既要有现实主义精神，又要有浪漫主义情怀。

在改革开放之前或在改革开放初期，这个理论问题是非常受重视的，有关讨论一直在进行并趋深化。当年秦征、王流秋的油画作品就引起过激烈的讨论。画面上，他们如实地描绘了抗战年代老百姓流离失所的惨状，但这样的“写实”表现，受到了批评，认为它看不到人民力量必将战胜侵略者的胜利前景，过度渲染了一种悲观气氛。而潘鹤的《艰苦岁月》则大受好评，理由在于这件雕塑作品没有回避窘迫艰难的现实，如实地刻画了红军过草地那种衣衫褴褛、蓬头垢面的样子，但是，在另一方面艺术家却着力塑造了小红军倚坐着倾听老红军吹笛子这个典型化的浪漫艺术形象，明确地表达了红军战士对共产主义的坚定信念、大无畏的英雄主义气概以及克服时艰、冲出重围的顽强决心。这件被誉为革命现实主义精神和革命的浪漫主义精神相统一的作品，其杰作性至今有口皆碑。新中国“十七年”的美术创作，曾推出不少带有“高峰”气象的作品。今天面对这些作品，你依然会心潮澎湃，依然会为之动容。这一切实际涉及艺术对社会规律、对艺术规律的把握问题，因为现实主义创作方法反对自然主义的写真实。

记得 20 世纪 70 年代末，我上大学时期，由当时订阅的《文艺研究》上读到探讨现实主义理论问题的一些长篇大论，论辩交锋非常激烈，思想认识上很受启发。后来，这样的关乎重大基础理论又直指现实问题的探讨争鸣渐渐少了。市场经济大潮涌来，人们都忙于追市场、求效益，不再关心“真实性”“典型化”之类的理论问题，甚至全然不知这些概念了。

基础理论和思想认识上的缺失，势必带来艺术创作上的问题。比如，流行美术界的“自然主义”作风，就是这样一种问题的表现。时下创作往往只重眼睛所见，热衷于描绘现实生活中的个别现象和琐碎细节，一味追求事物的外在真实，而忽视对生活现象做合乎社会理想和主流价值取向的分析、概括和判断，以致把个别等同一般，把片段作为整体，把瞬间当作恒常，把偶然视为必然；现在的一些作品流于对鸡零狗碎的琐屑现象的关注，每每放大社会的阴暗面和消极因素，而没有对光明的歌颂、对理想的抒发、对道德的引导，让人们看不到美好、看不到希望、看不到梦想就在前方。“唯技术主义”的创作倾向现在也比较明显，艺术家不关注艺术的价值诉求和创作价值取向，只考虑笔触、色彩、音响、姿态的形式美感及其风格化，以致作品显得苍白而肤浅，不能打动人心。

精湛的专业技能，是关系艺术家思想情感的表达以及最终完成艺术作品、体现艺术构思的主体性条件。艺术家的创作活动包括能动地反映生活而在观念中形成艺术形象（意象）的构思活动，和运用物质材料将心中的艺术形象

（意象）外化为具体可感的、物质形态化的艺术形象也即形成艺术作品的传达活动。构思作为内在认识活动和传达作为外在制作活动，在艺术家的创作活动中是不可分割的统一体，这两方面关系着艺术创作表现什么和怎样表现的问题。

对艺术创作而言，坚定的理想信念、高尚的人文情怀、深刻的学理把握等主体性，最终都是为了创造能够吸引人、感染人的艺术形象。因此，通过构思将对生活的感受和对生活的理解统一起来，达到对生活现象和本质、个别和一般相统一的“典型化”把握，是艺术创作活动中最需要发挥艺术家认识能力的思想活动。艺术构思活动的根本任务和中心环节，是创造既有鲜明个性又有深刻普遍性典型形象，以避免创作上图解抽象概念的公式化或概念化作风和流于表面现象记录的自然主义作风。所以，要想创作出真正深入人民的精神世界，能够触及人的灵魂、引起思想共鸣、富有感染力的艺术形象，艺术家就必须具有在反复观察、体验、分析、研究生活对象的基础上，调动想象、感觉、知觉、记忆等心理能力，对生活对象的各种具体特征加以选择、集中、提炼和组合，最终构成典型形象的高强构思能力。所谓“意在笔先”，所谓“成竹在胸”，都是强调构思能力。伟大的艺术作品莫不显示了高超的构思水平，即如北宋画家通过描绘蝴蝶追逐着马蹄蹁跹飞舞的情景来回应宋徽宗“踏花归来马蹄香”命题的佳话，以及齐白石描绘蝌蚪随山泉而下来巧妙表现“十里蛙声出山泉”之意的实例。当年，王朝闻先生针对受“左倾”思想影响而概念化的创作倾向，反复强调“再艺术一些”“再艺术一些”，就是希望艺术家提高自己的艺术构思能力。就构思而言，当下表现主旋律的一些作品，依然存在能力不足的问题。

再好的艺术构思，最终还要通过物质材料加以表现，要物质形态化为一定的艺术作品；而且，于长期创作实践所积累的具体艺术传达方式，也通过对艺术家特定感觉、思维方式的影响而制约艺术构思。艺术作品的传达、表现，要达到“笼天地于形内，挫万物于笔端”的境地，需要艺术家精湛地掌握描写、暗示、象征或模拟状物、夸张变形、抽象虚拟等艺术手法以及写实、写意的具体技巧。精湛的专业技能，体现了艺术家对形象塑造规律和创作方法的深刻认识和掌握，也体现了艺术家对塑造艺术形象所涉及的艺术语言特性、形式美法则的深刻认识和掌握，还体现了艺术家对材料媒介、技巧手段性能特点的深刻认识和掌握。

专业技能要想达到精湛的程度就必得付出心血汗水，需要经过长时间的艰苦训练，需要在创作实践中不断积累提高。改革开放以来，不乏一些艺术家是因为惧怯内功修炼的艰辛，不舍得下苦功，而借端于革旧维新，打着“创新”旗号，急功近利地找窍门、走捷径，企图规避艺术进取的常规正途。譬如“反技术化”创作倾向，背后动机其实是为了回避艰苦修为，却以“反叛传统”“个性追求”“形式独创”为幌子，堂而皇之地为其缺乏专业技术训练或技术驾驭能力低下的样子做掩护。在艺术创作上，靠投机取巧、花拳绣腿是不可能走进“高原”的，更不可能创造出“高峰”。

上述四方面，作为优秀艺术家所应有的素质和能力，是攀登“高峰”、创造“高峰”不可或缺的主体性条件。这些能力和素质的获得，要靠书斋画室里的修为，更要靠生活和实践中的修为。

（吕品田　中国艺术研究院研究员）

“高峰”与“深渊”：中国百年文艺的生与死

——以小说为例

摩　罗

2014年10月15日，习近平同志在文艺座谈会上，提出了中国文艺有“高原”缺“高峰”的著名论断。所谓“高峰”作品，就是优秀作品中卓然独立的大作品，超出高原地平线千米之上，高耸云端。只要读到这样的卓越作品，就能感受到深刻的震撼和启示，就能看见星光灿烂、生机盎然的时代风貌。为什么时代在期待这样的高峰作品？因为人们很看重中华民族百年以来的奋斗史和复兴史。为什么人们认为暂时没有高峰作品？因为人们断定仅有一批优秀作品，不足以展现我们百年以来的奋斗之卓绝和成就之辉煌。我们应该如何促进高峰作品的出现？这是值得我们探究的重要问题。

本文想从小说的角度，研究百年来中国文学、文艺发展的经验教训，探讨高峰作品迟迟未见的原因。

一、精英小说的诞生及其政治使命

中国“现代小说”不是作为一种文学流派的“现代派小说”，而是一个在五四新文化运动中诞生的文学体式。

中国本来具有源远流长的小说传统，《庄子》《列子》中许多寓言都可以看作小说源头，及至西汉，刘向的《新序》（比如《齐有妇人》）和司马迁的《史记》（比如《魏公子列传》）中已经出现一些具有严格小说意义的小说篇章。明清四大名著，将中国小说推向高潮。有清一代，蒲松龄的《聊斋志异》、袁枚的《子不语》、纪晓岚的《阅微草堂笔记》等创造了短篇小说的辉煌成就。

但是，中国现代小说却不是中国古代小说传统的继承者，发起五四新文化运动和新文学运动的时代精英，自觉地把古代文化和文学看作封建糟粕，急于摆脱其影响，标榜自己要向西方文化和文学寻找资源，创造“平民的文学”和“人的文学”。古代小说虽然也对中国现代小说的形成产生了一定的影响，但是这种影响一直不被现代小说的开创者所承认。他们认为现代小说乃是在西方现代小说影响下诞生并发展的。那么，中国现代小说究竟从西方文化和西方现代小说中受到了什么样的影响呢？

西方现代小说，是与中世纪及其以前盛行于世的民族史诗、英雄传奇、宗教劝谕故事等虚构文学作品相对举的文体现象。现代小说关注世俗的现实生活，关注平凡人们的命运、奋斗历程、心理诉求及其生活状态。美国学者瓦特在《小说的兴起》一书中指出，人们最早是用“现实主义”这个概念将18世纪早期小说家的作品与先前的虚构故事相区别的。本文所用“现代小说”一词，与瓦特所用“现实主义”一词含义相当。

自从1719年英国作家笛福《鲁滨逊漂流记》诞生以来，现代小说在西方已经具有将近三百年的历史，在中国则具有将近一百年的历史。

现代小说诞生以后，仅仅经过几十年的发展，就在欧美社会取得了主流文体的地位。毫无疑问，这种文体顺应了欧洲三百年来文化思潮、社会结构和文学风气的发展，适应了读者的需求和市场的需求。

欧洲现代小说赖以诞生和发展的社会文化背景，有几点特别值得强调。第一，工业革命、宗教改革、启蒙运动对人类的世俗生活、人性的欲求进行肯定，于是文学的关注点由民族史诗、英雄传奇、宗教劝谕故事转向人类的世俗生活。第二，由于人道主义和个人主义思想的空前繁荣，每个生命个体在理论上都获得了应有的权利、自由和尊严，于是文学的关注点转向了平凡生命个体（而不是神或者英雄）的日常生活，以及他们的奋斗历程和人生际遇。对平凡的琐碎的日常生活的描写因此成为现代小说最主要的内容。第三，财富的迅速增长创造了一个相对庞大的有闲阶级，机器生产为家庭生活提供了大量现成的必需品，一些富贵的家庭主妇因此从繁忙的家务劳动中解放了出来并进而成了有闲阶级，时代就这样为现代小说创造了必不可少的读者和市场。

上述三条既是现代小说产生的社会文化背景，也是现代小说所具备的特质和属性。现代小说成为主流文体以后，渐渐滋长起充当社会生活和日常生活的反映者、记录者并进而成为百科全书的野心，巴尔扎克时代这种野心臻于鼎盛。这种文学野心反过来赋予现代小说一种新的特质：那就是最大限度地参与到社会思潮和文化思潮之中，以期对人类生活产生历史性的影响。

西方现代小说的这种特质，让中国新文化运动和新文学运动的领导者如获至宝。精英群体按照自己理解的西方小说模式，大声呼吁一种能够帮助国人启蒙祛昧、济世救国的类似文体拔地而起，以求一扫古老中国的沉疴。陈独秀、鲁迅、周作人、胡适等人，还有早一点的梁启超，是现代小说的积极呼吁者、提倡者，有的人（鲁迅）也是身体力行的创作者。周氏兄弟早在留学日本期间就已经认真研习和翻译西方小说，企图借小说讽喻世事，激发国人的觉醒与自救。后来鲁迅更是以《狂人日记》吹响了以小说介入社会文化运动的号角，随后“问题小说”“反封建小说”“女性解放小说”“乡土小说”“左翼小说”“抗战小说”“国防小说”“伤痕小说”“反思小说”“改革小说”“寻根小说”“人道主义小说”“官场小说”“反腐小说”等名目层出不穷，形成了一个强大的小说潮，成为中国现代史上一道极为独特的文化景观。

《狂人日记》和《阿Q正传》的诞生，使得业已稳坐西方主流文体宝座的现代小说，终于第一次繁衍出中国之子。这个中国之子一旦出世，它身上所携带的“参与到社会思潮和文化思潮之中，以期对人类生活产生历史性影响”的文化基因得到最大程度的凸现和张扬。直至今天，我们对中国作家的最高称赞，往往是强调他继承了鲁迅的批判精神、发扬了鲁迅的思想传统，对小说作品的称赞，则常常强调其具有史诗性。这从一个特定的角度证明，百年来中国文学及小说，在文化属性和精神特质上依然是五四新文学运动的余绪。

二、精英小说中底层人物的负面形象

正如上文所述，中国现代小说是由现代政治精英和文化精英为了促进社会文化变革而共同呼吁和建构起来的文体，它自诞生以来，就作为这两个精英群体的文化武器，积极参与到救亡图存、建构民族国家的历史运动之中。作为政治精英和文化精英之间赖以沟通的共同语言之一，中国现代小说在20世纪的大多数时期都受到了隆盛的恩宠和礼遇，精英群体将它的批判、启蒙、社会动员、政治斗争等社会功能发挥到了极致，成全了它的功勋和荣光。

在它的黄金时代，政治精英和文化精英是其最重要的读者群，还有作为政治精英和文化精英的后备群体的青年学生，更是现代文学的迷恋者。在某几个特殊时期，几乎所有的青年学生都是文学青年。他们不但是热情澎湃的文学读者，而且几乎都一度是文学的写作者。先秦士人“不学诗无以言”的文化风气，曾经反复出现在20世纪的社会文化运动之中，只是这句话的内容常常变更为“不学鲁迅无以言”“不学胡适无以言”“不学巴金无以言”。

由于文学是社会精英群体的共同语言，所以文学也就势必成为社会各阶层人士进入精英群体的准入证。作为主流文体的小说，在这种风气中所受到的尊崇，更是所有其他文体所不可比拟的。

作为精英话语的现代小说，从它诞生起就一直具有脱离民间社会、脱离社会底层人群的倾向，由于其过于强烈的启蒙冲动，甚至与底层人群的文化生活和精神生活形成了某种对立关系（启蒙与被启蒙）。由文化精英对民间社会进行思想启蒙和灵魂改造，一直是现代小说中甚为活跃的主题。

精英群体也常常强调要表现底层劳动人民的喜怒哀乐和生活面貌，但必定只能是按照自己的立场和趣味，来观照、剪裁、塑造底层人民形象，创作者对这些人物所施加的批判与失望，往往超过所给予的同情。精英群体急切地期望底层人民理解自己的思想立场、文化目标、社会追求，并追随自己为这些目标共同奋斗。由于一时得不到理解，他们就对底层人民表现出嘲弄、批判的冲动，尽管同时也有或浓或淡的同情。但是，这些同情不足以促使他们去理解底层人民的文化信念、审美趣味、生活习性、情感期待，所以，他们的整体倾向是把底层人民定义为无知、自私、狭隘、愚昧、奴性、麻木、低级趣味的负面人物。

在中国现代小说史上，精英群体按照自己的视角和趣味塑造了华老栓、华小栓、闰土、阿Q、小D、祥林嫂、三仙姑（赵树理《小二黑结婚》）、陈奂生（高晓声《陈奂生上城》）等底层人民形象，塑造这些人物形象的作品被作为深刻表现底层人群社会特征和文化特征的典范作品，在精英群体中广泛流传。精英群体带着批判的冲动、启蒙的激情、拯救的善意，对这些形象所代表的底层群体，进行反复的描述和展示，以图教育之、改造之。作为精英文化之一部分的现代小说，通过这种大规模的、频繁的、复制式的描述和展示，营造了自身的繁荣和浩瀚，精英群体的作者和读者在这种锲而不舍的创作和展示中，充分体验了自身的勤奋和崇高。

可是，塑造这些底层人物形象的精英小说，究竟跟这些底层人有没有文化上的关联？消费这些底层人形象的精英群体，跟这些底层人究竟有多少精神上、情感上的沟通？

实际上底层人从来没有听懂过精英群体的意思，也从来没有生活在精英群体所构建的论题和语境之中。底层群体一直保留了远古时代遗留下来的精神文化，古人敬天礼神的宇宙观和生活态度从来没有从底层社会消失过。底层社会从来不是单纯由人组成的，每一间简陋的草房或者瓦房里都同时生活着灶神、门神、村神、傩神、天神、土地神、祖先神、冤鬼、厉鬼、猫魂、狗魂、老鼠精、狐狸精以及房主一家。这个复杂的鬼神世界不但存在于底层人民的家中，还存在于底层社会的所有公共空间，祠堂、庙宇、集市、店铺、村巷、道路、驿站、亭阁楼台、山川田野，无不被这个复杂的鬼神世界所覆盖。

他们的心灵空间也完整地体现了这个鬼神世界的复杂性和丰富性。在处理人间的事务时，底层人必须借助鬼神的方式，否则他们将不知所措。在处理鬼神的事务时，底层人必须借助人事的方式，否则他们也将不知所措。当他们遇到社会难题或者人生困境时，求神问卜是他们通常的选择之一。当他们侍奉鬼神时，他们祭献酒食、燔奉钱财、张口求告、虔诚许愿，犹如侍奉掌握着他们命运的世俗官长。如果说精英群体生活在人类社会的平面世界中，底层群体则是生活在一个由天堂、人间、地狱构成的立体世界之中。如果说精英群体的大脑装满了人类社会的尔虞我诈、权力财色，底层群体的大脑则柴米油盐之外还装满了天神地祇、妖魔鬼怪，以及这些鬼神与芸芸众生相辅相成、相助相残、相爱相恨、相交相错的古今传奇。

底层人民的精神空间是一个上天入地、大起大落、大开大合的世界，它的丰富性、原始性、根本性常常是精英群体的文化想象力所不可抵达的。那些借助一个文人、两个官员、三个地痞、四个商人、五个小姐、六个嫖客来演绎人间恩怨是非的精英小说，与底层人的精神世界相比，难免显得单薄、浅陋、苍白，二者几乎可以说格格不入。

与底层人民的精神世界相对应，他们的审美趣味也带上了若干仙韵神味、妖氛鬼气，而且有自己独特的符号体系和主题模式。或者帝王将相、才子佳人，或者仙女下凡、狐狸成仙。讲英雄传奇必须有勇有谋、有功有德，讲爱情故事必须死后团圆，讲牛郎织女必须藕断丝连，讲大奸大恶必须见到报应，讲大善大美必须见到美满结局，讲平凡人物则深谙人兽一般的哲理，对人性阴暗面的理解总是那么通透而又宽厚。

由中国文化精英和政治精英共同建构的现代小说，却只从西方现代小说中移植了世俗关怀和社会风貌的命题，而将他们天上人间的广阔性和丰富性、上天入地的辽阔思维和伟大气魄不自觉地抛弃掉。我们移植的实际上只是一株既不带泥土和枝叶，也不带生命和灵魂的朽木。这棵朽木引进之后，我们的精英群体也没有及时将本土的魂灵附着其中，反倒有意识地要利用这棵朽木向本土文化的丰富性、广阔性宣战，决意要以此改造我们的文化和灵魂。

一百年的时间倏忽而过，虽然还不到尘埃落定的时候，但是有一点是十分清楚的，这种企图成为中国社会百科全书的文体，实际上对中国底层人民真实的文化生活和精神生活进行了前所未有的肢解和歪曲，给我们的文化和灵魂造成了巨大的破坏和混乱。

三、人民文艺观与人民小说的蓬勃发展

就像五四时期的小说有意抵制中国古典小说的影响一样，共产党人在革命运动中发展起来的小说，也有意抵制五四小说贬低劳动人民之思想倾向之影响，而放大了它用以进行政治组织和社会动员的功能设置。

五四爱国运动爆发的那一年，即1919年，毛泽东在《湘江评论·创刊宣言》中指出："世界什么问题最大？吃饭问题最大。什么力量最强？民众联合的力量最强。"鲁迅笔下的愚民，到毛泽东笔下，成了有力量拯救国家灭亡的"民众"——他们成了国家得救的希望所在。一代新人日渐具备此种认识，逐步形成了新的思潮。这种左翼思潮与时代苦难相互激荡，演变为工人运动、农民运动、工人起义、农民起义，一种新的政治力量随之登上历史舞台，中国社会的政治格局因此产生了微妙的变化。以毛泽东、李大钊、瞿秋白、彭湃、蔡和森、方志敏、刘志丹为代表的共产党人，自觉地对这种新生的政治力量加以组织、引导，使之凝聚为反抗殖民帝国与买办、挽救国家与种族、创造历史与未来的革命洪流，最终取得了胜利，给世界带来了翻天覆地的变化。

这个历史进程，给中国文学注入了崭新的灵魂和气质，中国现代小说因此产生了脱胎换骨的变化。毛主席《在延安文艺座谈会上的讲话》发表之前，就有不少作家将笔触瞄准工农大众，书写他们对罪恶社会的抗争，以及改变命运的渴望。《在延安文艺座谈会上的讲话》发表之后，进步作家犹如找到了指路明灯。

《在延安文艺座谈会上的讲话》的发表，显然是个重大事件。该文指导作家解决了两个重大问题。首先，文学艺术为谁服务的问题，这是有史以来所

有从事创作的人，从来没有明确意识到的问题。毛主席指出，我们的文学艺术，乃是为工人农民服务的，是用以鼓动、组织劳动人民进行反抗、创造历史的，因而，我们的文艺创作，应该以劳动人民为主人公，应该表现他们追求翻身、谋求幸福的内在渴望，讴歌他们为掌握自己的命运而勇猛奋斗的伟大精神。

其次，文艺创作者与劳动人民的关系问题。文艺创作者要表现好劳动人民的思想感情和伟大奋斗，必须具有劳动人民的立场，与劳动人民达到感情的一致。所以，作家在阶级立场、感情倾向上，必须跟劳动人民一体化，成为劳动人民的一员。

毛主席这些前所未有的思想理论，使文艺家的世界观、政治观、历史观、人民观、革命观、文艺观、观察生活的角度以及内在的感情世界，得到重新整治和改造。创作主体的巨大变化，给中国文艺及小说创作，带来了革命性的变化。在鲁迅笔下显得愚昧、麻木、自私、逆来顺受、相互伤害的劳动人民，在新一代作家的笔下，呈现出敢于斗争、敢于反抗、敢于改变命运、敢于为追求理想社会而献身的强大力量和精神光辉。

赵树理笔下的小二黑、李有才、潘永福，贺敬之笔下的白毛女、大春，丁玲笔下的张裕民、程仁，杜鹏程笔下的周大勇、彭德怀，柳青笔下的梁生宝，周立波笔下的刘雨生、盛淑君、邓秀梅、李月辉、盛佑亭，梁斌笔下的朱老巩、朱老忠、江涛、运涛、大贵、二贵，马烽笔下的刘胡兰，曲波笔下的少剑波、杨子荣、李勇奇，姚雪垠笔下的李自成、刘宗敏，王汶石笔下的张腊月、吴淑兰等，他们的阶级地位跟鲁迅笔下的闰土、阿Q、七斤、华老栓等人物类同，都是备受压迫的底层劳动人民，或者是从底层成长起来的革命者。他们站在读者面前的形象，与鲁迅笔下的人物迥然不同。他们或者是富于反抗精神的斗争者（朱老巩、朱老忠），或者是为了消灭黑暗势力而不惜牺牲生命的勇士（刘胡兰、杨子荣），或者是为改变国家与人民命运而奋斗的军事将领（彭德怀、周大勇、李自成、刘宗敏），或者是为创造新时代、新生活而积极奉献的模范（梁生宝、张腊月、吴淑兰）。总之，他们都表现出掌握自己命运、创造美好社会的伟大理想，和与之相称的伟大力量。

同是备受压迫的底层劳动人民，在鲁迅笔下和革命作家笔下所呈现的形象，别若霄壤，完全是两重世界。

为什么会出现这种情况？或许可以解释说，革命作家遇上了风起云涌的革命浪潮，广大劳动人民已经投身于改变民族命运和自身命运的伟大斗争之中，而鲁迅时代，这种革命浪潮尚未来临，劳动人民正处于逆来顺受的沉默之中。

这种解释很难具有完备的说服力，因为第一，中国革命高潮的来临，恰好是鲁迅作为著名作家声誉日益隆盛的二三十年代，而鲁迅并没有将革命中的人民作为小说主人公。即使没有革命高潮的来临，中国历史上劳动人民的反抗，此起彼伏，从来没有间断过，《陈涉世家》就表现并赞许过这种反抗。近世以来，李自成、张献忠、洪秀全、冯云山、杨秀清、萧朝贵、各地捻军、义和团等反抗运动，从来没有离开过文人学士的知识视野。中国文学传统中，描写底层反抗者的作品，也颇得文人学士的认可。司马迁笔下的陈胜、吴广、韩信、樊哙、周勃、英布、李谈（同）、豫让、卜式，施耐庵笔下的水浒英雄阮小二、阮小五、阮小七、张顺、张横、解珍、解宝、陶宗旺、李逵、武松、鲁智深等，都是富有反抗精神或献身精神的底层人民。在赵树理、贺敬之、丁玲、周立波、蒋光慈、姚雪垠等革命作家出现之前，为什么没有作家能够塑造出富于反抗精神的劳动人民文学典型？

问题的关键在于作家作为创作主体，有没有思想能力理解中国革命的性质和使命，有没有思想能力理解人民的力量和诉求。是毛泽东《在延安文艺座谈会上的讲话》，给一代作家赋予了人民立场和人民文学观，使得作家终于能够发现底层劳动人民的革命立场和热情，能够发现底层劳动人民掌握自己命运的内在渴望和创造历史的伟大力量。作家和文艺家一旦拥有了人民立场，一旦理解了人民的感情，一旦发现通过革命团体的宣传、激发、组织工作，人民群众能凝聚成改变现实、创造历史的伟大力量，就愿意用自己的文字或其他艺术手段，参与到对人民群众的宣传、激发、组织工作之中，并致力于描述、表现人民群众改变自己命运、改造社会现实的历史实践和精神风貌。

经过两三代作家几十年的辛勤创作，一种新的小说模式诞生，形成了庞大的规模。它既不同于中国古代小说，也不同于西方小说，甚至也不同于五四时期的小说。这是一种自成一体的现代小说。总结起来，如下几点颇值得注意。

第一，这种创作思想、创作思路，形成了一个庞大的文学运动，这个文学运动由革命文学运动和社会主义文学运动合二而一，可以称之为人民文学和人民文艺。这个人民文学是在具有革命性的文学观激发下逐步展开的，以毛泽东《在延安文艺座谈会上的讲话》的文学思想为指导，形成了波澜壮阔、声势浩大的文学思想革命运动。为人民创作、站在人民立场创作、以人民的感情创作，是这种文学思想的核心特点。

第二，这个文学运动是在中国革命的历史运动中产生的，是中国革命运动的一部分。当年在延安召开文艺座谈会的目的，毛主席讲得很清楚，就是要“研究文艺工作和一般革命工作的关系，求得革命文艺的正确发展，求得革命文艺对其他革命工作的更好的协助，借以打倒我们民族的敌人，完成民族解放的任务”。为什么呢？因为“在我们为中国人民解放的斗争中，有各种的战线，其中也可以说有文武两个战线，这就是文化战线和军事战线。我们要战胜敌人，首先要依靠手里拿枪的军队。但是仅仅有这种军队是不够的，我们还要有文化的军队，这是团结自己、战胜敌人必不可少的一支军队”（毛泽东《在延安文艺座谈会上的讲话》）。一场配合军事斗争和政治斗争的文学运动，后来取得蔚为大观的成就，古往今来所仅见。由于中国革命具有改天换地的崇高性质，这场服务于革命、服务于人民的文学运动，也相应地具备崇高意义。

第三，伴随着中国革命历史进程的这场文艺革命运动，诞生了数以万计的文艺家和文学家。投身于文艺思想建设和文学创作的文学家，大约可以分为三代人。他们大多是中国革命运动的参与者（老革命）。他们首先是一位投身革命、为民族解放、人民翻身而奋斗的战士，然后才是小说家或艺术家。

其次，他们大多既有或多或少的中国古代文化和古代文献修养，又有一定的西方文学和西方文化修养，可谓学贯中西。最后，他们大多具有深厚的革命理论修养，谙熟马列主义政治经济学说、阶级斗争学说和文艺学说，理解社会主义历史方向，对中国社会结构及各阶级人物具有深刻的研究。他们是有文化的时代精英。

第四，这个文学运动，涌现了一大批与人民文艺观和人民文学观相一致的文学作品，长篇小说与短篇小说都取得了辉煌成就。经过几十年时间的沉淀，一些作品已经占据经典地位，比如《小二黑结婚》《李有才板话》《暴风骤雨》《太阳照在桑干河上》《荷花淀》《吕梁英雄传》《山乡巨变》《红旗谱》《红日》《红岩》《青春之歌》《保卫延安》《林海雪原》《铁道游击队》《创业史》《三家巷》《风雷》《李自成》《上海的早晨》《艳阳天》等。

第五，作为这些小说之主人公的底层劳动人民，精神状态呈现出开朗、欢乐、奉献、自信、积极向上、敢于反抗、敢于开创新生活等一系列正面特征，与西方文学、中国古典文学、五四新文学中的劳动人民迥然不同，与鲁迅笔下自私、压抑、愚昧、麻木的人民形象，尤其大相径庭。赵树理《小二黑结婚》出现不久，就有敏感的批评家指出，由于赵树理的出现，中国现代文学史上，第一次出现了活泼、健朗、正面的中国农民形象。这种文学风貌的改变，固然得益于中国革命对底层劳动人民命运、地位和精神风貌的改变，更主要的是，这几代作家作为中国革命和文学革命运动的参与者，能够自觉地从浑朴的现实生活中，发现并捕捉劳动人民掌握自己命运的渴望和创作历史的力量。

第六，在持续几十年的文学革命运动中所诞生的千千万万件小说作品，在社会理想（社会主义）、内容（民主革命和社会主义革命）、主题（投身革命以求改变命运、谋求尊严）、人物构成（底层劳动人民）、人物关系（革命与反革命、先进与落后）等方面高度一致，而且具有共同的精神气质和美学风格。如此辽阔的文学现象，如此罕见的共同性和一致性，足以形成在世界文学史上独具风格的小说类型和小说模式。将这种小说类型和小说模式命名为人民小说，十分合适。这种人民小说，是中国现代小说的主体，它不但规模大、持续时间长，而且群峰迭起、成就辉煌、经典众多，无疑是现代小说的高峰。

第七，人民小说最杰出的艺术成就，在于久经革命烈火淬炼而达到的美学特征。这种美学特征究竟是什么呢？是刚健、从容、自信、喜乐，是阳光灿烂、红霞满天，是勇往直前的果决，是改天换地的力量。小二黑（《小二黑结婚》）、李有才（《李有才板话》）、周大勇（《保卫延安》）、杨子荣（《林海雪原》）、梁生宝（《创业史》）、萧长春（《艳阳天》）、李自成（《李自成》）等小说人物身上，常常让人感受到中国人力图掌握自己命运的那种坚毅、豪迈、英勇，掌握命运之后的那种自信、从容、喜乐。他们生活在一个苦难而又伟大的国家，生活在一个血腥而又伟大的时代，他们相信自己能够铲平血腥、消灭苦难，创造出一个公平、正义、有尊严的天下。他们因为坚信自己的理想必将成功，而常常充满了主人公和创造者的力量感、豪迈感、成就感、幸福感。

不仅小说取得了如此伟大的成功，与革命事业相伴而生的其他艺术形式（绘画、雕塑、音乐、歌曲、戏剧等）的作品，也取得了同样伟大的成就，其精神气质和美学风格跟人民小说基本一致。

持续几十年的人民文学运动和人民艺术运动，为中国人民的革命斗争和翻身解放，建立了伟大功勋。它已自成一体，自成传统，如果继续发展，有可能会出现奇峰突起的伟大作品。

四、历史虚无主义思潮与个人小说崛起

在毛泽东时代后期，由于一些政界人物对人民文艺观的理解和执行偏离正道，未能激发创作者的创造力，遏制了人民小说的发展，优秀作品为数不多（其他艺术门类特别是戏曲、电影等则有较多优秀作品）。这种文艺政策的失误，激起了作家们的不满。进入新的历史时期之后，许多作家纷纷逃离

人民文艺观的立场。但是，坚守人民文艺观的作家，毕竟还有一些，正所谓"故家遗俗，流风善政，犹有存者"(《孟子·公孙丑上》)。只是，随着时代的发展，坚守者越来越少，其地位越来越边缘化。

随着改革开放时代的到来，政治生态发生了巨大变化，文艺生态和小说生态也随之出现天翻地覆的改变。小说界先后出现了各种各样的创作倾向，其中一度起到主导作用并对人民文艺观起到消解作用的，是反思文学和先锋文学。

反思文学首先从"文革"、反右着手，对那两次政治运动给某些人之个人命运造成的伤害予以批评与控诉，后来发展为反思"大跃进"运动、肃反运动、土改运动，接着对共产党领导的挽救中国覆亡的中国革命，也进行了无情的"反思"，最后对整个中国历史、中国文化、中国社会生活，均展开尖锐的批评与解构。反思文学越过人民文学的浩大传统，直接继承了五四新文化运动的片面批判中国历史和中国人民的传统，对清末以来殖民主义者所加给中国的诬陷性描述和歧视性批判，照单全收，用比五四一代更为细致的文学笔触，对他们想象中的中国社会的黑暗、中国文化的丑陋、中国国民的愚昧，进行了淋漓尽致的展现和愤恨交加的批判。鲁迅时代即把中国历史命名为"吃人"历史，把中国祖先命名为"有罪"(胡适语)祖先。到了反思文学高潮之际，台湾柏杨谬说传入大陆，"中国文化是酱缸，中国人是酱缸蛆"的著名论断，受到许多人肯定。许多作家以此等邪说作为创作指导，把鲁迅小说对底层劳动人民的负面描述，拓展为对中华民族生活的各个层面、各个领域进行妖魔化批判。这一类型的小说创作，对新时期历史虚无主义和逆向种族主义思潮的形成和膨胀，起到了推波助澜作用。中国的精神文化，由此跌入鸦片战争以来的谷底。

先锋文学离人民文学观更加遥远，它是在西方文化思潮和文学范式的影响下爆发性出现的。在殖民扩张的历史进程中，西方资本主义掠夺型经济疯狂发展，对包括西方在内的世界各民族社会文化造成巨大震荡。那时现实主义文学成为西方文学主流。两次世界大战使西方社会元气大伤，对西方人的精神伤害也很严重。加上西方殖民势力受到殖民地独立运动的压力，控制世界的能力明显衰落，一种颓败的末世情绪，笼罩着西方文化的各个领域。当中国与“世界”（也就是西方）接轨时，正好与这种没落的、挣扎的、阴暗的、怀疑的、绝望的、歇斯底里的末世文化迎头相撞。中国文艺一头栽进西方现代主义、后现代主义的怀抱，如饥似渴地吃够了后现代的奶水，给中国读者贡献了一种前所未有的小说模式和美学风范。这种现代主义、后现代主义的文化精神，在中国社会经过将近 40 年的发展，影响日益强大。当中国社会经济蒸蒸日上、综合国力节节攀升时，我们的精神文化却不见与之相称的朝气蓬勃、昂扬高歌气质，随处可见自私、自虐、孤独感、荒谬感、反文化、反体制、反崇高、无情无义、道德沦丧、掠夺财富买颓废等末世景象。这种精神文化与社会现实的严重脱节，与改革开放之初片面地崇尚并引进西方文化资源密切相关。

当反思文学和先锋文学之思潮形成合流，它们的反正统、反体制、反文化、反历史、反崇高、反理想、反理性的解构性质愈益突出，成为几十年来泛滥成灾的历史虚无主义和逆向种族主义的重要组成部分。

反思文学和先锋文学思潮，在检讨人民文艺观时，指出其重要的特点之一，是与国家意识形态和具体政策结合太紧密，造成作品的意义仅作用于一时。该思潮具有摆脱政治束缚的强烈诉求。但是，该思潮自身恰好也是高度政治化、高度意识形态化的，只不过他们急于反对的这种特定的意识形态，提倡的是另一种特定的意识形态。其中反思文学跟政策的联系，一点也不比人民文学松散些。所不同的是，人民文学是从人民立场和民族大义立场出发配合政策的，反思文学则带有强烈的个人情绪和诉求。

在反思文学和先锋文学之外，还有其他一些文学思潮，其影响难于与反思文学和先锋文学并论，这种伴随历史虚无主义思潮而崛起的文学思想和小说创作现象，成为所谓新时期的文学主流。进入 21 世纪之后，这些名字逐渐淡化，但是立场、观念、方法已经成为新时代文学之基因，深刻影响着文学的走向。

奉行人民文艺观的小说家，致力于理解人民的需求、民族的命运和时代的使命，并自觉地以自己的创作服务于这些伟大事物，参与到人民创造历史的实践之中，成为历史发展的促进者。这些作品天然地具有崇高气息和神圣意味。当创作者成为一个民族、一个时代的文化承载者，其作品也就自然成为这个民族、这个时代的伟大精神的体现者。如果这个创作者文化积累格外深厚、思想格外深刻，才华格外杰出，其作品自然就成为在一个时代诸多优秀作品（"高原"）中卓越耸立的"高峰"作品。"新时期"以来的小说，致力于反对并解构这些伟大事物，常常以个人利益和情绪臧否世界，演绎世事，不屑于研究民族复兴的伟大时代，不屑于理解人民的奋斗和诉求，甚至不屑于正视人民的存在，其胸襟情怀，与秉持人民文艺观的小说家相比，判若云泥。

当以马克思列宁主义、毛泽东思想为理论支撑的人民文学观和人民艺术观，遭遇时代浪潮的冲击与批判时，其理论支撑也难免跟着遭遇质疑和解构，至少是严重地淡化、边缘化。文学生产作为社会文化生产的一部分，失去了大道的引导和规范，犹如一匹狂躁的野马，在恶欲和潜意识的荒原上横冲直撞。这些作品可着劲儿地比病态、比阴暗、比狠毒、比疯狂、比自私、比堕落、比荒谬，表面上颇为繁荣，实际上比荒原更加荒凉。此时当然不会出现文学的高峰，而只会出现精神的深渊。一个民族和时代，如果没有被这种小说和文艺完全拽入深渊，已经是万幸。

这些特定时期的小说，离人民越来越远，命名为个人小说也许比较恰当。这种个人小说，带着末世的阴暗、狠毒等精神病毒，无限繁衍蔓延，创造者虚假的繁荣，实际上却陷入深渊无力自拔。如果没有特殊的契机，使之回归人民文学和中国古典文学的伟大传统，小说创作恐怕不会找到出路，其唯一的命运就是被人民和历史抛弃。

余论：光与暗，道与德

魏连殳（鲁迅《孤独者》）是生活在“三千年未有之大变局”中的一个读书人，他因找不到出路而愤世嫉俗，因愤世嫉俗而孤独，因孤独而荒谬。他把世界看得一片黑暗，深深憎恶一切人。鲁迅说，文学是国民精神的光。魏连殳完全看不见国民精神的光，不是因为没有光，而是因为他看不到，而是因为他自己内心没有光。盲人都知道世界上是有光的，只是自己看不到。为什么精英小说和个人小说的作者如此骄傲，敢于认为世界没有光，而不承认是自己看不到呢？心盲症患者，与目盲症患者，其表现形式何其迥异。

这跟特定的历史语境和社会文化生态有关。一个作家能写出杰出作品，是因为作家能够成为民族文化的承载者、时代精神的理解者、国民精神的观察者，也就是说，伟大作品得之于民族精神者甚多，得之于个人禀赋者则少些。如果民族生活、时代文化飘摇无着，生死不定，作家笔下就很难笃定。“治天下者定所尚（崇尚）。所尚一定，至于万千年而不变，使民之耳目纯于一，而子孙有所守，易以为治。”（苏洵《审势》）“万千年而不变”的“所尚”，究竟为何？理想也，信念也，大道也。

从精英小说，到人民小说，再到个人小说，百年来小说创作的起伏，恰是政治文化生态颠簸动荡之历史的体现。清末以降，中华遭遇前所未有的大敌和危机，带着保国保种保教的心愿，左冲右突百余年，依然无法获得新生。精英群体因失败而恐惧，而慌乱，而绝望，而荒谬。煎熬百年，渐失大道。大道既失，也就看不见民族生活深处的光。虽然在某个历史时期，找到了大道，获得了保国保种的胜利，其成就光芒万丈，并产生了历史上绝无仅有的人民小说、人民文学和人民文艺，可是，只要出现一点点瑕疵，精英群体又旧病复发，重归慌乱，重患心盲症。大道犹存，却没法获得持续的、坚定的认可，没法做到“子孙有所守”。

指明“大道既失”，并不意味着创作者没有个人责任。刘勰说：“文之为德也大矣”?（《文心雕龙·原道》）德者，明道也，体道也。作家不能皈依大道，却热衷于随波逐流、非圣乖经，其“文”也就失去凭依，成为脱离人民大道和民族大道的私欲发泄。

中国近代以来的挣扎与拼搏，以及高歌猛进所取得的伟大成就，堪称惊天地而泣鬼神，这样的苦难与荣光，必将出现与之相匹配的大思想家、大文学家。当务之急是恢复民族自信，进行切实的文化建设和精神建设。当国人在新的历史语境中重建“所尚”，重归大道，文学的“高峰”之作一定会拔地而起，直指云天。

（摩罗　中国艺术研究院研究员）

“高峰”问题与当下中国电影的发展

丁亚平

电影作为当代文化与文艺发展的组成部分，为文艺“高峰”问题的讨论与思考提供了巨大的想象空间。尽管对当下中国电影的实际运作与走向有很大争论，但不管怎样，仍然有许多重要的经验值得总结，电影创作如何在改革开放并走向“高峰”的演进过程中被进一步唤醒、改变和塑造，成为重要问题。

研究中国电影创作如何从“高原”走向“高峰”，考察电影的演进与变异，既有利于找寻当代中国电影创作不断前进的选择路径，满足广大观众的需要，也可以分析和透视电影语境的作用，进而自觉地从今天的立场出发进行思考和批判，赋予电影“高峰”诠释和发展策略以及未来的意义，推动我国电影转向高质量发展。

一、完满的在场：改革运动给中国电影带来新特征

新时期之前，电影作品创作选择和政治方向是高度一致的，电影艺术成就被归为执行了党的电影方针，用社会主义共产主义统率思想文化，教育大众，现实的要求和组织化得到自觉应用。进入改革开放新时期，解放思想、实事求是与“百花齐放、百家争鸣”催生了电影创作的持续拓展，第三代、第四代、第五代导演作品日渐丰富多彩。今天回望 40 年前，重要的事件有：1978 年 12 月 16 日，中美双方发表《中美建交联合公报》，宣布“自 1979

年 1 月 1 日起，建立大使级外交关系”。12 月 18 日，中共十一届三中全会在北京召开。这些节点开启了中国社会改革开放的进程。受改革开放的语境和外来因素的影响作用，中国电影开始走上新的社会历史舞台，成为跟着时代不断变化的聚焦中心。

改革开放 40 年中国电影创作的复杂性包含广泛，既指涉特定题材内容的主题、风格、拍摄手法及其创作规律和文化品格，又体现了来自电影市场及语境逐渐走向多样化的价值趋赴，同时还包括电影在不同的空间（场域）里给予题材选择以一种当代立场的审美判断。

“文革”时期，题材选择相对单一。“八大革命样板戏”[①] 集中在革命历史“红色题材”，在“文革”的政治与文化生态中，形成一种重要而特殊的现象。电影反映了极端年代中革命的价值观和政治规范所受到的冲击和变化。当时，农村片有《青松岭》《艳阳天》《金光大道》，工业片有《创业》《火红的年代》，军事片有《侦察兵》《难忘的战斗》[②]，这些故事电影都是精心组织拍摄的，观众甚夥，但“三突出”及其系列性概念与做法在这些影片中并没有贯穿。片中主角无论在画面的安排、角度的仰俯，还是位置的高低、形象的大小等方面，都往往并不突出要求有英雄人物压倒敌人的气势。

改革开放之初，电影题材选择反映了时代变化的步履，用开放性替代封闭性的意识形态叙事，战争题材、现实题材等多种题材电影引发观众热情，不少电影被反复放映和观看。在《祖国啊，母亲》（1977）、《延河战火》（1977）、《渔岛怒潮》（1977）等军事题材影片之后，出现了《小花》（1979），将战争描摹和细腻情感表现熔于一炉，军事题材表现同样能见到人

① 1967 年，为纪念《在延安文艺座谈会上的讲话》发表 25 周年，5 月 1 日至 6 月 17 日，“八大革命样板戏汇演”在北京举行。京剧《智取威虎山》《红灯记》《沙家浜》《奇袭白虎团》《海港》，芭蕾舞剧《红色娘子军》《白毛女》以及交响乐《沙家浜》等样板戏集中献演，取得了轰动的效果与预期的成功。此后，江青开始筹划将样板戏搬上银幕。参见拙著《中国电影通史》下册，中国电影出版社、文化艺术出版社 2016 年版。

② 在此前后拍制生产的重拍片《南征北战》《平原游击队》和《渡江侦察记》及 1970 年以后先后重新上映的《英雄儿女》《打击侵略者》《奇袭》等片，都属于军事片（战争片）。

情、人性的美好。革命英雄主义映寓于陈冲、刘晓庆和唐国强等演员的透亮、清澈、素朴的面容之中。这表现出和《南征北战》《侦察兵》《难忘的战斗》等不一样的感官体验。这一时期，军事片迅速泛化为一种共享的文化经验，这便是表现革命历史题材和重大革命历史题材影片。从《拔哥的故事》、《豹子湾战斗》、《大刀记》(上、下)、《两个小八路》、《平鹰坟》、《我们是八路军》、《六盘山》、《从奴隶到将军》、《吉鸿昌》、《曙光》、《归心似箭》，到《重庆谈判》《开国大典》《大决战》《大转折》《大进军》等都是这样，军事题材、历史题材创作有了开阔地，影片散发出一种独特的宏大叙事的风格和气息。及至后来的《集结号》出现，军事题材创作在深度挖掘和观念调整上呈现了新的取向。

现实题材电影在新时期出现，是从《十月的风云》(1977)、《南疆春早》(1978)、《同志，感谢你》(1978)、《希望》(1977)等开始的，它们构成了“现在时”的状态，却不无束缚感、错位和穷窘感，甚至给人一种“经过改头换面后继续拍摄”[①] 的感觉。十年巨大浩劫和深重的罪恶给许多中国人留下了永久的人生伤痛和无法抹去的集体记忆。“文革”之后，新的历史时期的电影与银幕，打破封闭，拨乱反正，开创开放之路，着意去恢复与世界和历史的联系，其中不无痛苦、曲折和艰辛。《泪痕》《苦难的心》《天云山传奇》《苦恼人的笑》《被爱情遗忘的角落》《枫》等，展示小人物的命运和情感生活，表现出反思和批评的勇气。而导演谢晋的“反思三部曲”——《天云山传奇》《牧马人》《芙蓉镇》更成为标识历史与社会批判的特殊记录。这些是颇富代表性的反思“文革”的影片，要知道，它们出现在1979年这样的全国观影人次达到创纪录的290亿人次、年人均观影28次的年份，这也预示了40年后电影市场、消费的广度和观影的激情强度。

现实题材、青春题材和农村题材作品的重要发展，是在反映现实主义审

① 马德波:《电影秧歌舞》,《电影艺术》1981年第2期。夏衍也对此做过这样的批评:“形势变了,(电影)却还在讲过去的老话。”参见李文斌《夏衍访谈录》,中国电影出版社1993年版,第38页。

美追求的同时，融合了改革开放之初电影人关注视角、个人气质与情感的抒发。郑洞天的徐谷明的《邻居》(1981)、张暖忻的《沙鸥》(1981)、韩小磊的《见习律师》(1982)、王启民和孙羽联合执导的《人到中年》(1982)和吴天明的《人生》(1984)、《老井》(1987)等影片的出现，或表现对生活流程的真实记录，成为纪实美学的代表，或深挖人生和生命中的悲剧性，表现出现实主义的特质。90年代张艺谋的《秋菊打官司》《一个都不能少》和贾樟柯的影片接续了这种直面现实的风格和作用，拓展出新的艺术空间，创造了鲜明的艺术形象。青春题材电影《庐山恋》《玩主》《大喘气》《本命年》聚焦都市与青春期人物某些典型特征，体现了自由、叛逆与痛苦等不同心理与情感内涵。农村题材创作表现在《人生》《老井》《秋菊打官司》《喜莲》《一个都不能少》这样的作品中，也更具典型地反映在赵焕章的农村三部曲《喜盈门》《咱们的牛百岁》《咱们的退伍兵》和胡炳榴的《乡音》《乡情》《乡民》以及《二嫫》等影片中。这些作品贴近了农民的欣赏习惯，同时又反映出电影知识分子的视点与独特体验。后来的张艺谋的农村题材电影《红高粱》《菊豆》《大红灯笼高高挂》等，更确切地说是一种融合深层文化反思与批判的历史叙事，其中的乡村，有着审美化和历史化的双重转向的浓重色彩。少数民族题材则有《萨里玛珂》、《南疆早春》、《刘三姐》(歌剧电影)、《火娃》、《冰山雪莲》、《孔雀飞来阿佤山》、《奴隶的女儿》、《歌声飞出五指山》、《山寨火种》等，到后来还有《尼玛家的女人们》、《买买提的2008》等影片，发掘出独特的民族风情和独特的地域人文资源，可以看到中国民族题材电影的多样性。

现实主义作品重视复杂的情节与细致的处理及点点滴滴的形象化、生活化构筑，把创造艺术形象和"审视性"经验放在首位，在这些作品中人文成为亮点，而这也是现实题材、农村题材、少数民族题材等优秀作品的成功之道。

当时受西方现代主义和写实主义电影观念影响，第四代和第五代导演关于电影的新观念、新风格、新手法得以实践，丰富和充实了中国电影的艺术表现形式。第五代导演张艺谋执导的《红高粱》获得柏林国际电影节最高奖项“金熊奖”，这给当年的张艺谋的感觉是，仿佛“整个中国都在扬眉吐气地往起站”！新时期社会的发展为电影题材的延伸与拓展提供了新的素材和新的维度。谢飞后来说，“文革”后的中国电影跟以前最大的区别，一是更真实了，二是有了艺术家的个性。[①] 这确乎在题材选择和艺术表现中得到较大的体现，带来电影创作的繁荣。当然，一些题材领域的艺术表现，如少数民族电影和革命历史题材创作，就其打破单一化，走向开放与丰富以及迎合主流观众的需要而言，仍有很大的空间。

二、开放，解放了的逻辑

随着电影从计划经济向市场经济转轨，中国电影题材持续扩大自己的选择空间，市场影响与控制权力日趋明确化，电影题材的容量、表现形态跟全球生产有了新的连接的可能性和不可替代性。通过盗版录像带、VCD、DVD等形式，美国电影重返中国市场，培养了新一代中国观众观影口味和习惯，进而影响并拓展了国产电影创作及题材选择的边界和维度。计划经济的桎梏被打破，长期封闭的中国影市，向世界开放。进入市场选择一切变得了了分明。分账电影大片引入中国[②]，新的影像媒介在不断开放的文化与市场环境中生成，无论是中国观众抑或电影人都对境外（外国和中国香港等地区）的电影表现出强大的观赏热情，并受到深刻影响。开放和市场越来越多地决定了电影人在创作中的先在性认识结构。

1982 年春节期间，香港推出了影片《少林寺》[③]，产生了重要影响。《少林

① 徐欧露：《中国电影发展驶入快车道》，《瞭望》2018 年第 7—8 期。

② 1994 年 11 月 12 日，第一部以票房分账方式引进的美国好莱坞大片《亡命天涯》在中国首映。

③ 《少林寺》作为香港贺岁片成绩骄人。《少林寺》在香港上映的第一天，就以 55.6 万港元的票房压倒了《龙少爷》的 55 万港元的票房。在上映的前六周里，总收入达到 1600 多万港元。观众达 100 万人次，打破了 1979 年成龙自编自导自演的《师弟出马》同期票房收入 1102 万港元的最好纪录。

寺》由张鑫炎导演，李连杰主演，长城电影制片有限公司出品。《少林寺》的最重要的特点是，形成观影高潮，带给内地观众以观影的巨大快乐和文化享受。作为流行文化，极大地发挥了电影的娱乐性。什么是融合文化？就是一种参与、互动的新型大众文化，背后有消费者参与。可以说，这部影片代表了当年香港电影工业的一个重要的成果。它至今已经 30 多年了，但是在当年，以至于在电影史上影响都非常大。

《少林寺》的特点，第一就是电影娱乐性。也就是在这部电影放映和传播中表现很突出大众消费性。第二是它讲述的武侠传奇故事引人入胜。影片中的演员个个都有真功夫，是货真价实的武术明星，他们的表演很有观赏性。第三是影片的主旨是歌颂英雄，反抗压迫，弘扬传统的侠义思想与中华文化的精神。第四是风景优美的实地拍摄，而且它的电影插曲很好听，被传唱一时。这些特点，使得电影本身具备适合男女老少、城乡居民不同口味的观赏性、娱乐性，上座率很高。顺此要说的是主演李连杰在片中确实发挥出色，极富神采。李连杰 8 岁进入北京什刹海体校学习武术，开始专业武术运动员的生涯。1975 年参加全运会武术套路比赛，获得全能冠军。他小时候读书、生活和学武术的那个地方叫北京厂桥，周边生活的人都是普通的北京底层百姓。李连杰拍这部电影的时候，18 岁，很帅，用现在的话说，也是一枚“小鲜肉”，但是比较现在的年轻演员，又有很多不同。那时他和一批青年武术运动员加入这部影片，报酬是一人一天一元钱，但是他们都非常敬业。从电影《少林寺》开始，在香港人的心目中，李连杰成为继李小龙、成龙之后的又一个功夫片明星。

1982 年 4 月，《大众电影》杂志上刊登了《少林寺》的剧照，同时释放出此片即将登陆内地的信号。《少林寺》在内地的放映，观众达 3.5 亿人次，远远高于此片贺岁档在香港放映的 100 多万人次，而且，它以票价一角钱一张票创下了 1.4 亿元的票房，这应该说是一个惊人的纪录。如果把它换算为现在的票房，约等于 200 亿元票房，这当然就远高于获得 56 亿元票房的《战狼 2》，自然是非常了不起的。根据资料记载，当时在北京，从 1982 年 6

月 5 日开始在各大影院上映《少林寺》。这一天，中央电视台新辟的《舞台与银幕》栏目首次播出，对影片《少林寺》的放映进行了详细的报道。这种情况表明，媒体报道的媒介作用值得重视，电影和其他艺术一样，“要继续在建立对现实的认识中发挥作用，它就势必需要大众传播媒介的支持”[①]。大众传播媒介的作用变得重要起来。后来移动互联网技术不断发展，更使得媒介作为电影语境性的因素和作用得到充分释放。

随着 20 世纪 80 年代思想解放与 90 年代电影娱乐化积累，从《少林寺》[②]到《红番区》《白金龙》，香港贺岁片及档期意识使国产电影有了效仿与深耕的种子，创作者脱开所谓教育战线、农村医疗战线等题材领域的选择，拓开了电影艺术表现的领域。

开放与改革推进电影人对题材选择、表现和传播机制的探索。以前电影题材与路线斗争的意图直接联系，以致使“政治”意志、革命文化意识对电影的渗透、规制和干预有了条件和基础。普通观众保有丰富的情感要求和强烈的观赏动机，当代电影的难题甚至不在于如何深化电影题材的认识和表现的内涵，而在怎样把握“当代大众传播对于大众认识活动的先在性以及艺术在此中的有效性”[③]。《少林寺》《红番区》[④]引进内地的巨大成功，大众传播的深

① ［法］杜夫海纳等:《当代艺术科学主潮》，刘应争译，安徽文艺出版社 1991 年版，第 119 页。

② 在《少林寺》的影响之下，当年接连有很多武侠电影出现，刮起了一股武侠功夫电影的旋风。香港银都机构公司（它的子公司为中原公司）在春节档接连推出了由李连杰主演的“少林三部曲”:《少林寺》、《少林小子》（1984 年 1 月 26 日上映，票房 2287 万港元，该年度香港电影票房季军，在内地是一亿四千万的观影人次）、《南北少林》（于 1986 年 2 月 1 日在中国香港上映），不仅轰动香港、东南亚，而且打入欧美。

③ 王德胜:《文艺美学如何可能》，南京大学出版社 2018 年版，第 117 页。

④《红番区》是嘉禾娱乐事业有限公司出品的一部动作电影，由成龙、梅艳芳主演，唐季礼导演。该片讲述的是香港警察马汉强在美国纽约勇斗黑帮的故事。影片 1994 年在中国香港、加拿大拍摄，1995 年年初上映。上映具体时间是 1995 年 1 月 21 日。1995 年 1 月 31 日 星期二，乙亥年（猪年）正月初一，票房过亿。1996 年，成龙和唐季礼获得了第 15 届香港电影金像奖最佳动作设计奖。

刻影响，市场的先在性与政策推动[1]，这些都使90年代的电影题材选择有了改变，更加重视喜剧电影、青春电影、都市电影的创作。这也是1997年冯小刚贺岁片脱颖而出的背景。

与动作片相比，《甲方乙方》《不见不散》《没完没了》《一声叹息》等喜剧类型轻松幽默，而《遭遇激情》《大撒把》《无人喝彩》《与往事干杯》[2]中的青春世界独具时代特征，后来的《杜拉拉升职记》《人再囧途之泰囧》《北京遇上西雅图》等则将焦点投射在都市空间里的中产者身上，故事且悲且喜。这些影片价值观与思想导向健康积极，结局采取大团圆结局，成本预算较低，画面朴素，使这样的题材类型与式样得以充分发挥其市场优势，表现为单一化类型或饱含时代元素的类型杂糅。少数民族题材创作如《寻找刘三姐》《吐鲁番情歌》《长调》《大东巴的女儿》《鲜花》和《图雅的婚事》《婼玛的十七岁》《美丽家园》《独龙纹面女》《花腰新娘》，等等，或重视歌舞作为抒情方式的表现力，或将题材表达策略置入婚姻、家庭的现实故事的描写中。至于青春题材电影，从《长大成人》《钢铁是这样炼成的》到《红颜》《失恋33天》《致我们终将逝去的青春》《同桌的你》，因其饱含青春文化成长和流行的社会价值，在后来逐渐与类型电影结合，不断发展，日益表现出迎合年轻一代观众口味的趋向。

中国电影在成为世界电影最大市场的过程中，逐渐认识到这个市场具有高度竞争性，电影题材不能不适应市场发展，却又要警惕崔永元后来说的文化和商品的“野合”，提高自己创作和题材处理的竞争力，让观众愿意接受，形成创作和观众的共鸣。在市场加速发展的时代，电影被认为是有无限可能性的娱乐载体，却不能自甘于平庸和低俗，自娱自乐，单凭市场和跟风挣钱。搞娱乐至死，票房至上，是没有出路的。不幸的是，它还是在后来的电影产

---

① 1993年《关于当前深化电影行业机制改革的若干意见》下发，推动了中国电影市场的新一轮改革。

② 在此前后，李少红的《四十不惑》、周晓文的《青春无悔》《青春冲动》、黄建新的《站直啰，别趴下》《背靠背，脸对脸》等都市题材影片，也接踵而至。

业化中成为不可摇撼之一途。

三、向另一个空间敞开

从 2001 年 12 月加入世贸组织以来，中国货物贸易进口额，年均增长 13.5%，是全球平均水平的两倍；服务贸易进口，年均增长 16.7%，是世界平均水平的 2.7 倍。中国作为全球前四位的贸易大国之一，影响并改变着世界产业与贸易的格局。中国电影自 2002 年张艺谋导演的《英雄》开始，电影创作在市场中腾跃，成效显著。《英雄》一片占了当时全年票房的四分之一。2002 年院线制[①]全面推广，该年 6 月，国内院线出现 36 条，电影市场趋向活跃，电影院线和电影院建设全面推进，电影票房逐年上升。在这样的市场与发展环境中，中国电影市场继续发展，国产电影年度票房持续超过进口影片，电影产业政策与管理体系逐步完善，电影产业发展进一步规范，实现良性循环，市场化水平进一步提高。

中国电影体制转换的转折点是加入世贸组织。过去的电影业计划是资源配置的唯一方式。市场经济时代和“入世”，使得中国电影业面临重要的挑战。通过竞争“活跃”以至充分发展与主导电影市场成为电影改革重点发展方向。

和整个社会一样，对于中国电影说来，没有开放，就没有改革，正是开放倒逼电影改革，才有电影产业化，才有电影创作回响。没有好莱坞电影的引进，就没有开放，就没有电影创作具有创新性与开放性的表达。传统的电影业与电影创作在开放与改革发展的要求下获得影响着自身改变的空间与时间的巨大成功的外部条件，作为环绕并重新发出声响的最重要的好莱坞，是

① 2000 年《关于进一步深化电影业改革的若干意见》（广发影字〔2000〕320 号）提出“鼓励有条件的电影发行放映公司进行院线制改造”的意见。2001 年第 1519 号文件进一步明确了“推进院线组建”的院线制要求。见《广播影视工作重要文件汇编（2001）》，国家广播电影电视总局办公厅，第 132 页。

它显著的标记。好莱坞大片进入中国市场和双向的更为广泛意义上的中外电影合作，表现出了它完满的在场的各种可能性。

进入 21 世纪以来，市场化改革成效显著，电影"可经营的"产业属性得以恢复，电影的自信源于社会环境的变化。中国电影发展有了根本性的方向引导，更有了改革开放的巨大成果。从 40 年前人均 100 多美元到现在的人均 8000 多美元，年 GDP 增幅超过 10%。近五年来 GDP 增长超过 7%，对世界经济增长率的贡献达 30% 以上。亚投行已批准 80 个国家，"一带一路"倡议则有 100 多个国家地区和国际组织积极参与。国际社会对中国主张和中国方案日益认同。电影站在新的历史起点上。2003 年《电影制片、发行、放映经营资格准入暂行规定》出台，投资主体日趋多元化，民营电影成功崛起，成为电影创作重要的主力军。中国迅速成为电影大国。被市场和网络解放了的电影生产力，深刻影响着电影创作和题材的选择，而呈现出新的特质和变化：

1. 电影创作题材多种多样，非单一指向性的时代性意识深度增强。这源自电影创作观念的不断开放。张艺谋的《英雄》作为历史题材电影，它以战止战的题旨和寓言化的表现，让该片的剧情、故事变得格外好看。在电影开放和改革的进程中，《英雄》在当年无疑起了引领、激励的作用。它的国内票房超过 2.5 亿元，海外票房 1.23 亿美元，创下新纪录，中国因之有了自己的商业大片。

电影产业化在重塑电影题材选择的同时，迅速带来了包括题材艺术处理在内的艺术意识前提的改变，并决定了电影创作和题材表现形态多样化的可能性。现实题材、农村题材电影大都为中小成本影片，像《马背上的法庭》《三峡好人》《香巴拉信使》《盲山》《钢的琴》《亲爱的》，生活气息比较深厚，地域特色鲜明，与传统农村题材的表述方式已经完全不同。儿童题材电影中有的作品人物形象鲜活丰满，努力以电影手段表现儿童生活与心理，但仍面临为表现儿童生活与心理特点去做更大的改变，进一步强化表达方式与接受上的情感性和价值意识。更多的电影题材表现在植根于现实同时，也着力实现类型电影的缝合功能。如《湄公河行动》、《战狼》系列和《红海行动》等，虽未能促使大众对人性价值的批判或更深层面社会问题的思考，却赋予空间以时间之维，使其备受欢迎，拥有如此影响力。

2. 多元目标、类型化策略纷至沓来，演绎生成空间意识建构和主观性价值选择。电影在新的世纪，特别是近十年有了迅猛的发展。这时的中国电影市场，已经走入全球电影舞台的中心，中国影响力不断增强，举重若轻。对于美国电影以至全球电影工业来说，中国已经变得越来越重要。2017 年全国 5.5 万家规模以上文化及相关产业企业实现营业收入 91950 亿元，比上年增长 10.8%。同年中国电影市场的票房 550 多亿元。迄至 5 月底，2018 年的累计票房已达 284.4 亿元，比 2017 年同期增长了 22.4%。作为文化产业的电影，中国追赶美国等国富有成效，在银幕数上现在已把北美市场比了下去。然而市场火爆，高票房下的负面现象仍值得反思，怎样针对目标受众增强电影创作的类型化策略，准确把握动作、喜剧、侦探、科幻、魔幻、冒险、励志、亲情等类型，或尝试多种类型元素的杂糅运用，既是电影创作中所应该秉持的特定手段，也是一种融合主体价值选择的经验自觉。现在市场和网络很发达，环境很浮躁，深陷其中的电影需要反思和超越。对于中国电影来说，如何迈出向电影强国过渡的坚实一步，成为重要的考验。

3. 大片兴起年代的电影处境发生的变化，创作主体的主观性构造成为践行电影题材探索与艺术创新活动的重要意识载体。新时期以来的好电影开启了不同题材创作走向市场以至海外的旅程，填补了本土题材电影拓展市场、拓宽艺术表现领域的空白，对电影产业化和中国电影发展做出重要贡献，当代电影因此形成生生不息的魅力。不消说，从 20 世纪 90 年代开始，特别是进入 21 世纪以后，电影题材和内容实质上都受到市场的影响，有的在票房和数字的威逼利诱下发生了质的改变。不难看到，现实题材为了市场和票房大卖，放弃对现实人生的关注与描写，《小时代》系列、《分手大师》等影片华丽空洞，没有为梦想而努力，不能在日常生活中展示底层人物的尊严，挖掘人生的蕴涵，表现人性的深度，没有体现出现实社会中的人情冷暖，让人回味真实、历史和生活的意义。电影创作在风格、样式上如何走多样化、多元化之路，怎样赢得观众发自内心的由衷喜爱，成为考验。在这方面，重大题材影片创作尽力走出困境，尝试并寻求多元化发展，像《建国大业》(2009)、《建党伟业》(2011)、《建军大业》(2017)拓展新领域，取得了包括市场在内的多方面的成功。

中国电影已经进入高速发展增长阶段，中国崛起和走向现代化强国是近年来电影题材不断拓展的根本原因。需要警惕的是，中国的后发优势发挥得淋漓尽致，短时间没有问题，时间长了当然仍面临很多问题，它们会成为电影主体投射下的斑驳光影。

4. 政治与意识形态无处不在，政治倾向以至政治化信息难以排除在外，电影意识形态未必不影响或作用于题材的选择和处理。说“中华民族是崇尚英雄、成就英雄、英雄辈出的民族，和平年代同样需要英雄情怀”这样的话，它是意识形态，蕴含民族精神和民众内心的精神标杆，每个人心中都有属于自己的英雄，而任何时代电影的题材和表现，无论现实抑或历史题材都可能歌颂与赞美。刻画军事英雄主义，军事题材创作趋向多元化明显，从《今夜星光灿烂》《默默的小理河》《高山下的花环》《血战台儿庄》，到《建党伟业》《建国大业》《辛亥革命》《建军大业》，再到《空天猎》《战狼2》等，描绘电影人物，视点有了转换。在某种意义上，电影主创人员在创作中对什么是意识形态和“主旋律”，变得越发模糊了。《红海行动》的导演林超贤在接受采访时就曾表示他“并不是很清楚所谓的‘主旋律电影’究竟是什么”。调整军事题材创作观念，才能寻找新的增长点，才会有自身新的认知、经验和新的丰富空间。

新的主流题材电影在市场化运作上取得成功，是运用国际化的制作理念和叙事方式做了创新性的有质量的表达。《我们诞生在中国》北美票房超过1000万美元，成绩斐然。2013年中国电影海外票房收入为4亿元，到2017年中国电影海外票房则达42.53亿元，背后体现的是电影人对电影、环境和时代性的文化与语境的力量的推动。

21 世纪之后，电影产业化、CEPA 协议签订、院线制建立、民营资本成为制片行业支柱、引进政策进一步开放，更重要的是，网络时代对电影制作营销手段的丰富，这些综合外部因素作用都影响着国产影片的创作与题材表现形态。视听效果的震撼与感官刺激的爆发浸染以至主导着多类型多样化的创作与市场格局，创作题材和品种受到了越发明显的影响。

四、电影创作的“高峰”何时到来？

自 2010 年以来中国电影业进入快速发展阶段，无论是创作人员还是电影观众对于电影的那种热情，达到非常高的一个高点，社会和传播的影响甚广。和电影生活在同一时代是重要的事情。中国电影创作与产业走向新的繁荣，不断超出局限，接近多样化的可能性，中国电影为中国的改革开放做出了新的注解。

电影创作的“高峰”问题，相信会成为当下创作与研究领域的“显学”，把它问题化，包含一种困境，也同时指向关于创作如何深入的问题，这可以视为伴随着创作生态改变的一种自问和反思。

这些年，中国电影有很大的成绩，同时，也应该看到中国电影存在的问题。我想，观察电影的走向，研究问题，不只是要把握电影的消费与产业特性，看到影片拍摄和市场发展的关系，同时，从电影创作上思考文艺史、电影史的维度，从反顾历史的意义上看到中国电影还有明显的短板，思考如何迎来电影创作上的“高峰”。

在这里，从创作和理论结合的角度，就推动创作“高峰”的出现进行思考，我想提出两个概念，一个是基本电影，一个是范式电影。

那么，什么是基本电影，什么是范式电影呢？

在我看来，从文本的意义上看，在电影史上被铭记的好作品，好电影，有广泛影响的好电影，成为里程碑意义上的电影，往往是基本电影。这样的作品在当下实践和电影史上，组成、呈现具有流行文化特质的电影的众生态，它包容异类，直面电影的生长。市场 、类型和基本电影并不矛盾。当然，基本电影和类型电影不是同义词。

而范式电影，则是指电影史上具有范式意义的影片，这一类作品，往往在市场意义之外，比较注重表现以至探索电影和人的精神的价值，并从中探究超越市场、感知生活的创造的可能性。

电影创作的"高峰"，从文本和作品上看，它的具体的表现形态，就是包含这两类优秀的比较重要的电影作品，尤其是以积极态度关注现实的影片。电影在这些年市场快速发展，现在银幕数已经超过 6 万块，一年生产各类电影上千部。但是市场过度发展下的中国电影，存在艺术质量、专业化欠缺等问题。人们感觉的好电影，就是上面我说到的好的基本电影，特别是好的范式电影好像不太多，甚至可以说少之又少。

2018 年全年，以及 2019 年春节档，确实有一定的改观。虽然创作质量与观众期待还有不小的差距，但像《我不是药神》《无名之辈》《找到你》《红海行动》《无双》，特别是作为中国科幻大片的《流浪地球》的出现，传达给我们一种信号，即我们的时代是可以出精品，出饱含精神高度、文化内涵和艺术价值的作品，并由此迎来创作的高峰。

这样的精品，一是可以入电影史，它主动寻求与商业类型元素接轨，一样是能带给我们愉悦的艺术体验与身体感受的。二是它能把电影从一味追逐市场的昏沉中唤醒，穿透我们被遮蔽的存在。好的电影，像文牧野的《我不是药神》票房，超过 30 亿元，郭帆的《流浪地球》获得超过 45 亿元的票房；饶晓志的《无名之辈》、苏伦的《超时空同居》、李芳芳的《无问西东》，等等，票房都不错。三是它反映了我们的电影创作，在一大批中青年电影人才脱颖而出成为电影创作的骨干力量时，实际上是走到了电影"高峰"的边上。

因此，有了好作品，有了更多的优秀创作人才，在创作、市场、人才和电影国际化的维度与方向上，我们就能和创作的高峰，有了联结的可能，有数量缺质量、有高原缺高峰的问题，得到根本解决是完全可能的。

时代在变化，社会在发展，虽然范式电影和市场，属于各自的空间范围，但其实并非相去甚远，而仍然是离得很近，是同声共气，境由心生，是有着多样的神采，呈现在作品及其传播上，大多也是反映现实、观照现实的作品，影响最大。像早一点的，20 世纪 40 年代的《一江春水向东流》《八千里路云和月》等，近一点的，包括贾樟柯的电影，近年不乏由新人执导的现实主义电影佳作等。它们背后有一种创作的规律呈现在其中，它们和复杂多变的社会环境、文化环境、电影环境，和价值诉求、相关“问题域”或“社会文本”是联系在一起的。

很显然，范式电影，个性化强而艺术水平又高的文艺电影，具有无可替代的价值，我们的电影生态，对现实的重思、探求，以至电影史的书写，应该为这样的电影保留观照、接纳的善意空间。这确实要求我们在电影创作的张力场中注入一种“理解之同情”。需要看到，近年中国电影的现实主义成为亮丽的风景，现实主义处处勾连着时代社会的内容，创作主体如何立足中国现实，既呈现“时代精神”，假设某种代表性，又秉持艺术自觉、人文精神和批判精神。有价值、有意义的创作，既努力反映现实、观照现实，和现实的文化政治相交织，饱含着有利于“解决现实问题、回答现实课题”的价值观，指向一种具有天然重要性的超越精神。

不过，问题的复杂性在于，一方面，电影家需要成为观众的“朋友”，电影创作者首先要搞清楚为谁创作，为观众创作，知道观众是电影的消费主体、接受主体，有的还需要相当精于流行之道、艺术之道，创作者要成为他们的朋友。另一方面，电影家又要同时成为观众的“老师”，让观众从他们那里获得启示和力量。电影创作获得全面自觉，精品力作大量出现，充分发挥文艺文化的“培根铸魂”作用之日，也就是电影创作“高峰”到来之时。

（丁亚平　中国艺术研究院研究员）

中国当代戏曲发展的未来走向与高峰标识*

王馗　郑雷

2014年10月，习近平总书记在文艺座谈会讲话以后，当代中国文艺创作有"高原"缺"高峰"的问题引起了大家普遍的关注，呼吁倡导、开方献计者众，但似乎效用很不明显。但是经过五年来在理论与实践的努力，对于"高原"与"高峰"的辩证认知反而更加鲜明，对于文艺创作的"高峰"标识反而更加自信。五年的讨论与实践成果坚定地说明了中国文艺在新时代已经走上了迈向高峰的进程。正如习近平总书记在文艺座谈会上所说的"文艺只有植根现实生活、紧跟时代潮流，才能发展繁荣；只有顺应人民意愿、反映人民关切，才能充满活力"。中国文艺创作只有紧紧把握时代性、人民性，用优秀的文化作品来回应伟大的时代、伟大的祖国、伟大的人民，才会在正确的创作道路上越走越远。

任何艺术创作都是特定地域、特定文明的反映，与时代和文明的发展息息相关，各国文学艺术在不同时期都会出现一些经典性创造，形成高峰之作，这些作品参与铸造了同时也鲜明显现着一个民族最本质的精神。中国文艺的源头:《诗经》、"楚辞"，就是在华夏民族文化性格与民族精神的铸造过程中，作为时代产物和人民心声而成为民族文化艺术的渊薮。马克思在《政治经济学批判导言》中谈及希腊神话时说："希腊神话不只是希腊艺术的宝库，而且

* 本部分充分整合吸收了从2016年以来连续四年所承担的中国艺术研究院"戏曲年度发展研究报告"的内容，特此说明。

是它的土壤。”同样，《诗经》、“楚辞”也不仅是传统中国文学宝库中璀璨的明珠，而且是华夏文化艺术生长的根基。《诗经》中虽然有贵族文人的吟咏，也经过了乐师等的加工整理，但其中占据主体的还是来自民间的声音；“楚辞”固然吸收了不少民风民俗的内容，也有深厚的民众基础，但主要是知识精英的创作。两种模式、两种风格、两种创作途径彼此融通、交互作用，成为中国文学艺术的源头。这种诗性的文化传统在数千年来不断地浸润和灌溉着不同时代、不同民族、不同群体的文艺生活，由此衍生出丰富多元的文艺形式，创作出无数脍炙人口的优秀作品，在历史上矗起了一座又一座文化艺术的高峰。由此也逐渐累积、形成了绵延不绝的中华优秀传统文化的体系建构与体系扩容。在某种程度上讲，有基础、有源头、有绵延、有发展，就必然有高原、有高峰，有一个、有多个。

在中华优秀传统文化中，戏曲无疑是最有代表性的一个。从 10 世纪以后，在近千年的历史孕育中，戏曲逐渐成为中国人至为重要的艺术审美形式，通过诗、乐、歌、舞为一体的综合性表达，集大成地张扬了中国封建社会在其后期所形成的表演艺术理想。戏曲在宋元以来的蓬勃发展，涌现出了一个又一个艺术的高峰，以元代杂剧为代表的北曲形态，明代中叶以后以传奇为代表的南北曲形态，清代中叶以来以“花部”乱弹为代表的地方戏形态，以及近代以京剧为代表的国粹形式，用一代代优秀的艺术传承者以及他们创造的精致艺术作品，都展示着戏曲这个与时俱进的艺术形式，在适应时代、贴近民众的过程中，屡变屡新而高峰迭起的艺术再造能力。

20 世纪 50 年代以来的近 70 年时间里，党和国家对戏曲艺术高度重视，戏曲艺术始终居于中国社会文化审美的前沿，始终引领着中国人的审美趣味，至今都在国家文化发展格局中居于重要的地位。70 年来在优秀传统剧目的整理改编、历史剧的新编和现代戏的创作中，涌现出了大批与时代同步伐、与人民同命运的优秀力作，回应着时代与人民的诉求，也引领着时代理想、人民审美的诉求。同样是一代代优秀的艺术传承者及其精湛的艺术作品，张扬着戏曲作为民族高峰性的代表性艺术样式所持续达到的艺术高度。

不可否认的是，随着中国社会生活急遽变迁的步伐，戏曲艺术作为传统文化形式，与现代中国的审美变化逐渐拉大距离，其在社会审美中边缘化的程度亦日益加剧。戏曲人才队伍出现断档，编导音舞美等部分配置不齐，戏曲院团建设发展不均衡，戏曲职业教育趋于落后，戏曲观众群体走向老化，诸如此类，都显示着戏曲艺术发展高峰性的创造力受到制约，戏曲艺术高原的发展态势亦难以保持稳定局面，戏曲艺术在众多院团创作中频现低谷状态。正如龚和德《政策·策略·理论》一文所指出的："近百年来，戏曲遭遇了两个伤害，一个挤压、一个变迁，即受民族虚无主义和政治实用主义的伤害，文化消费主义的挤压，时代和审美主体的变迁"。[①] 作为传统艺术的戏曲剧种及其传承团体，确实在生存空间与发展态势上面临着新的困难与危机，其数百年保持的高峰态势受到巨大冲击。

十八大以来，党和国家对于戏曲发展的基本局面给予了重要的政策扶持。2015 年 7 月 11 日，国务院办公厅印发《关于支持戏曲传承发展若干政策的通知》(国办发〔2015〕号)(以下简称《通知》)，这是 2015 年度社会关注度最高的一项政策，也是半个多世纪以来国家对戏曲艺术发展推出的又一项具有引领意义的纲领，在四年以来广泛引发了戏曲界、文化界对于传统戏曲文化自信的重新确立。《通知》立足于戏曲发展现状，既对戏曲传承发展的成绩予以巩固与加强，也对趋于复杂多元的戏曲走向进行具有针对性的指导。这实际是对中国戏曲的持续发展与再创辉煌进行的一次全民总动员。《通知》比较集中地关注到了地方戏发展、剧目创作扶持、戏曲公共服务、戏曲演出环境、基层民营剧团资助、戏曲学校人才培养、戏曲普及等多个方面，显示出这一政策惠及的多元侧面。在贯彻落实《通知》的过程中，各地人民政府和文化主管部门也相继推出地方性的扶持政策和法规方案，针对《通知》所涉及的诸多领域给予资金投入和政策支持。

从《通知》印发开始，关于戏曲的利好政策不断地予以深入。如 2016 年

① 龚和德:《政策·策略·理论》,《中国文化报》2015 年 8 月 17 日。

《中华人民共和国国民经济和社会发展第十三个五年规划纲要》中，特别在“传承发展优秀传统文化”一节中强调：“构建中华优秀传统文化传承体系，实现传统文化创造性转化和创新性发展”“传承发展传统戏曲。发展民族民间文化，扶持民间文化社团组织发展”等。将“传承发展传统戏曲”作为“十三五”期间的工作重点，显示了国家对于戏曲艺术一如既往的高度重视和大力扶持。2017年颁布的《关于实施中华优秀传统文化传承发展工程的意见》《国家“十三五”时期文化发展改革规划纲要》《关于戏曲进乡村的实施方案》《关于新形势下加强戏曲教育工作的意见》《关于戏曲进校园的实施意见》《关于进一步做好戏曲进校园工作的通知》等中央和文化部意见案，均从国家政策的层面对戏曲深度扶持提供了保障。特别是文化部公布《文化部“十三五”时期文化发展改革规划》(以下简称《规划》)，明确在“十三五”期间，通过国家舞台艺术精品创作扶持工程、国家艺术基金项目、戏曲振兴工程、剧本扶持工程、人才队伍建设等具体措施，推进包括戏曲在内的文艺创作迈向新阶段；在《规划》中同时强调的“实施精品战略”。而戏曲振兴工程包含的“名家传戏”“戏曲像音像工程”“昆曲传统折子戏录制”“地方戏文献资料抢救保护工程”等工作，剧本扶持工程包含的以戏曲剧本孵化计划为中心的“征集新创”“整理改编”“买断移植”等工作，以及相关人才扶持、剧目推介演出等工作，已经在国家层面实现常态化运行。特别是国家艺术基金的制度化建设为中国戏曲创作、推广、人才培养等领域提供了稳定的经济扶持和艺术传播。这种以政府主导为特征的举措，是中国戏曲在近十数年来被视作非物质文化遗产、被纳入公共文化服务体系、被作为中华优秀传统文化重要组成部分等观念下的，对其文化属性、艺术属性、遗产属性的切实推进。

中国戏曲的保护发展政策从国家到地方、从京昆到地方戏、从国家级院团到基层院团、从艺术大家到中青年后继人才、从专业到业余普及、从表演团队到职业教育，都显示了政策全方面地惠及至戏曲艺术的多个侧面，最终实现的是戏曲在当代文化生活中的生态建设。事实上，戏曲生态建设决定着戏曲艺术高峰的创造，已然成为当前戏曲发展的重要立足点。近年来举凡在创作中实现艺术精品化的戏曲剧种，大多与其深厚的文化生态建设有着密切联系。例如“国家舞台艺术精品创作工程”确定的2016年度国家舞台艺术精品创作重点扶持剧目10部，京剧《西安事变》、评剧《母亲》、湘剧《月亮粑粑》、晋剧《于成龙》、评剧《红高粱》等戏曲作品成功入选，以思想精深、艺术精湛、制作精良作为标准的这些舞台艺术精品均依托着丰厚的剧种文化和地域戏曲传统，之后国家舞台艺术精品创作扶持工程每年有25部扶持作品和10部重点扶持作品入选，极大地标识了中国舞台艺术创作的国家高度。

正缘于此，十八大以来的五年多时间里，在戏曲界涌现出了一批优秀力作，例如京剧《金缕曲》《金锁记》《春秋二胥》《红军故事》，昆曲《景阳钟》《李清照》《赵氏孤儿》《顾炎武》，秦腔《花儿声声》《狗儿爷涅槃》《王贵与李香香》《项链》《关中晓月》，沪剧《敦煌女儿》、豫剧《焦裕禄》、淮剧《小镇》、黄梅戏《小乔初嫁》、芗剧《保婴记》《谷文昌》、评剧《红高粱》、上党梆子《太行娘亲》、闽剧《生命》，等等，都是新时代以来突出的创作成果，都是戏曲从高原创作走向高峰创造的重要代表。应该说，通过这些作品可以清楚地发现中国戏曲前景无限，中国戏曲正是中国戏曲创作的高地所在，并极有可能孕育高峰之作。可以预见，在正确的戏曲政策不断在各地推进后，各地方戏曲剧种，尤其是具有创作活力的剧种应该能够进入发展的机遇期。

但不可否认，当前创作的戏曲作品仍然面临着两个重要的问题：一则为传统经典的当代传承与演绎，一则为新创作品的经典化打造，仍然是中国戏曲发展的重要使命。在这个方面的课题面前，当前戏曲仍然存在着题材单一、风格单一、行当单一等问题，年青一代的演员在驾驭角色的表演中缺少艺术深度，这些都是需要国家与地方文化主管部门着力引导和扶持的。特别是近年来被格外突出的现实题材创作，正成为众多的戏曲剧种着力聚焦的艺术领域。“现实题材”创作是中国戏曲在现代化进程中必然要遇到的艺术挑战，也是中国戏曲在现代创造、总结和提升时必然遇到的艺术机遇。国家艺术基金从2014年开始申报，即将重大革命和历史题材、现实题材作品创作和展览、演出，列为年度资助重点，其中现实题材项目总计资助资金约5.8亿元。在文化部艺术司2018年的统计数据中，现实题材作品在近5年共有1195部，其中京昆类22部、地方戏类642部。显然，超过650部的戏曲现实题材已经走在实践领域的前沿，如何更好地创作出优秀的现实题材作品是当前摆在戏曲实践领域的重要任务。虽然“现实题材”与“现代戏”的范畴尚待讨论，但可以肯定的是，聚焦于革命文化和社会主义先进文化的表达，尤其是展现中华人民共和国成立70年、特别是改革开放40年来的现实生活，应该是“现实题材”创作的核心内容。

当前现实题材创作比较严重地存在对戏曲艺术规律忽视的问题。中国戏曲的艺术创作在剧种重点院团和基层院团、在专业院团和民营院团、在艺术名家和一般性从业者等范畴中，存在着极大的艺术差别；而戏曲剧种对于新题材的驾驭，在大戏和小戏、在大剧种与小剧种、在跨区域剧种和小区域乡土剧种等范畴中，也存在着明显的水平差异。不能尊重和考量这些客观条件，戏曲现实题材的创作就很难将剧种、剧团乃至戏曲从业者的艺术积累予以充分张扬，尤其是现实题材创作中出现的偏重刻板的道理宣教、偏重夸张的英模歌颂、偏重不当的剧目投排、偏重即时性的政策附庸、偏重粉饰性的艺术再现，都造成大量的现实题材作品缺少足够的艺术质量，缺少观众的“情感认同和行为习惯”。这种对艺术规律的忽视，实际消减的是戏曲与人民在千百年来形成的趣味沟通、情感融会、精神互渗。特别是在众多现实题材作品中，每每能够看到空洞的口号宣传、抽象的观念赋予，这都来自创作者对于人民生活和情感的疏离，说到底，不能按照戏曲艺术规律进行创作，不能符合人民喜闻乐见的要求，不能创作质量上乘的精品力作，戏曲缺失的正是赖以生存的人民性，这必然也会限制并影响戏曲时代性的表达和引领。提高现实题材创作的艺术质量，实际就是切实提升这类创作的时代性和人民性。

事实上，中国戏曲在其古典时期和近代时期，已经通过以昆曲、京剧为代表的艺术样式，取得了所处时代的高峰水准，至今滋养着中华民族对于文化传统的辨识和认同，至今都是中华民族感怀乡愁的文化载体。如何让展现现代生活的戏曲表达，能够相融无碍地与中国传统戏曲丰富多元的艺术体系相衔接，如何让源远流长的戏曲文化传统依然能够灌注于当代生活、表达当代生活理想，这是中国戏曲面临的时代课题。已经进行了百年的中国戏曲现代化的实践，在今天已经通过大量优秀的艺术实践，取得了重要的艺术成就。在戏曲传统延续的时代命题中，已经通过大量优秀传统剧目的整理、改编、提升，让传统经典始终驻足于不断发展变化的中国人生活中；在戏曲传统创造转化的时代命题中，已经通过大量优秀历史剧、古装故事剧目的创作、演出、推广，让时代经典不断地进入中国戏曲艺术体系结构中；在戏曲传统扩容创新的时代命题中，已经通过现代戏、现实题材、小剧场戏曲、都市戏曲等诸多实践，让更加多元灵活的创作贴近新观众群体的审美视野。在这个过程中，任何题材领域、形式领域的创新发展都会带来中国戏曲庞大艺术体系的持续拓展，尤其是现实题材创作的艺术挑战是决定中国戏曲在新时代高峰再造的重要内容。在五年里，已经有多部戏曲优秀力作进入两届国家文华大奖、中宣部“五个一”工程，这正是中国戏曲人始终不满足于既有高峰而持续保持再创高峰的文化自信所致。

在党的十九大报告中提到，当前我国社会主要矛盾已经转化为“人民日益增长的美好生活需要和不平衡不充分的发展之间的矛盾”，对于戏曲现实题材创作而言，时代性和人民性决定着戏曲现实题材创作应该始终追随着时代发展的需要，用属于这个时代的思想和情感标准来尊重并引领观众的审美。这是中国戏曲永葆青春活力的基础，这也决定着中国戏曲是否在新时代能够再创高峰的基础所在。

立足于中国戏曲的高峰目标，当前需要高度重视如下问题：

1. 高度重视戏曲创作中以“三并举”为基础的多元创作方法，在大力完善现代戏创作的同时，要提高传统戏的技艺水平，增加剧种经典代表作的演出和推广力度；强化新编历史剧在延续传统艺术品位的作用和作为；鼓励青年人才在积极探索小剧场戏曲的创作中，出人，出戏，出精品。尤其是符合剧种品格的经典作品，集中呈现剧种个性，既存在于大量的传统戏中，也需要在新创作品中被打磨出来，多元的创作方法不只产生市场转瞬即逝的消费品，同样也会催生紧贴时代和观众的艺术佳作。

2. 高度重视戏曲艺术体系的完整性再现，保持中国各类型戏曲样式在艺术呈现中的个性化表达，增强戏曲剧种的文化自觉，用规范严谨、精彩多元的舞台演出，来张扬戏曲剧种的文化品格。这种由剧种传承者群体共同认定的剧种文化品格，实际就是充分尊重戏曲作为团队艺术的规律，按照戏曲剧种借助多元行当、整体协作来展现舞台创作。尤其是当前的舞台创作普遍出行当艺术萎缩、戏曲技艺不断退化的艺术困境，每一个戏曲剧种独特的文化品格是需要通过戏曲传承者们及其舞台创造来实现的。

3. 戏曲发展仍然需要“现代性”探索方向。戏曲的现代化实践是戏曲发展的内在动力，这不但体现在戏曲艺术本体需要成功延续，形成包括现代戏在内的全新艺术体系，而且也体现在大量传统艺术遗产需要在当代艺术语境中得到现代视角的观照，进而实现审美的现代转化。特别是现实题材创作聚焦当代生活和当代情感，格外关注社会各行业群体的喜怒哀乐，引领着当代价值判断和时代政策引导，其挑战性在于让作品更加契合戏曲现代化的使命。合理推进戏曲现代化的历史进程，这正是现实题材创作的责任所在。因此，在中华优秀传统文化体系的建设中，需要旗帜鲜明地将现代戏艺术体系的建设纳入其中，不但在研究领域倡导现代戏创作研究，还要在实践领域进行相关的艺术总结。尽全力维护和弘扬近百年的现代戏艺术体系，这也是当前戏曲承担展示社会主义文化“新史诗”的题中应有之义。

4. 高度重视经典剧目对推进中华优秀传统文化走出去的作用和价值，打造中国戏曲的“国家典藏”，将中国戏曲经典代表作以及当代创作的精品力作，纳入国家艺术的范畴，张扬中国戏曲多元的艺术价值，推动戏曲的国家典藏在国际舞台上充分展现中国故事、中国精神和中国传统。

5. 高度重视戏曲传承发展中的“专业化”特点，倡导“专业化保护”的艺术理念，探索符合戏曲传承发展规律的保护道路，充分尊重戏曲在技术层面和艺术层面的表演传统，综合了“口传心授”和“学校教育”等教育成就来强化戏曲教育所秉持的“专业化”标准，提高戏曲后续传承人的职业水准和艺术境界。戏曲人才培养亟须加强，戏曲人才是戏曲繁荣发展的前提基础，戏曲人才包括了职业化的戏曲专业人才和戏曲理论人才。戏曲最重要的传承机构——戏曲大中专学校由于身处教育管理和文化管理的夹缝中，戏校建设与剧团需求管理相互脱节，甚至戏曲学校往往被两个体制忽略。例如福建多地的戏曲中专学校一直是福建艺术职业学院的异地分校，但是在教育文化体制改革中，除了泉州艺术学校等具有独立办学资质外，其他各地艺术院校无法独立招生，由此导致有人学戏而戏校无法开课的局面，严重影响了戏曲职业教育。特别是随着 80 年代以来一代戏曲领军者逐渐退出舞台，戏曲剧院团新一代领军艺术家还未承担起剧种发展推广的责任，戏曲代际传承面临困难。另外，各省市戏曲研究院所的理论人才断档，戏曲研究院所的职能定位偏移。因此，需要完善戏曲院校在体制管理、专业培养、人才输送等程序的合理规划，通过建立演出遴选机制来扶持新一代戏曲后继领军人才的培养，对各省市戏曲研究所的建设给予高度关注。

6. 高度重视戏曲代表性团队和代表性传承者在戏曲传承发展中的作用，尤其是当前戏曲传承的任务更显艰巨，剧种代表性团队及其代表性传承者作为不可偏废的两个要素要成为戏曲传承的核心内容，在此前偏向于戏曲代表性传承人的工作基础上，强化戏曲代表性团队的作用。剧团是戏曲集体艺术的重要载体，近年来各项保护扶持工作都围绕在剧团的生态环境要素，忽略了“剧团”作为一个传承、创作、发展戏曲的独特价值和实际作为。尤其是在体制改革中出现的“有限责任有限公司”“传承中心”“研究院”等定位，甚至在体制改革中部分戏曲剧院团身份遗失，由此导致戏曲剧团的职能定位出现差别和错乱。特别是目前剧团在实现归口管理时，不但存在着文化系统内的体制差别，还存在宣传部门和文化管理部门的差别，机制不顺，戏曲政策无法很好落实。2018 年 12 月 18 日公布的国办发〔2018〕124 号文件《国务院办公厅关于印发文化体制改革中经营性文化事业单位转制为企业和进一步支持文化企业发展两个规定的通知》(以下简称《通知》)，持续推进国有经营性文化事业单位转企改制。《通知》的颁布将进一步深化文化体制改革，因此，戏曲剧院团的特殊性需要得到充分的评估，在中宣部、文化和旅游部的统筹下，更应该及时出台对于戏曲院团的整体扶持政策，围绕戏曲院团的特殊性，尊重演出创作规律，尊重戏曲剧院团的文化职能，强化戏曲院团在传承发展中的艺术定位和文化属性。

7. 戏曲的演出市场和生态空间亟须拓展。戏曲市场在多年来的体制改革，以及各种政策引导下，或建或毁，无法建立良性的发展机制。尤其是多元的戏曲利好政策较多地忽略了戏曲市场的培育与拓展，导致很多拥有相对稳定演出市场的剧院团在落实戏曲进校园、戏曲进乡村等政策时，出现市场遗失的局面，其进入现代文化格局中的生存活力更趋艰难。戏曲需要扶持，戏曲传统的修复和保护需要政策倾斜，但是作为活态艺术，戏曲的生存与发展仍需要市场开拓，尤其是市场与戏曲文化生态密切相关，戏曲缺失了市场，也很难维持和拓展文化生存空间。在当前产业业态趋于多元的前提下，从政策和实践中应该努力探索戏曲剧院团市场化路径，让戏曲艺术在剧院团的承载下真正成为区域文化审美中的组成内容。

（王馗　中国艺术研究院研究员；郑雷　中国艺术研究院研究员）

关于戏剧从“高原”到“高峰”的思考

宋宝珍

伟大的时代造就伟大的艺术，伟大的艺术中不能缺少戏剧。

纵观人类的历史，古希腊城邦制度成熟时期，出现了埃斯库罗斯、索福克勒斯、欧里庇得斯的悲剧和阿里斯托芬的喜剧；中世纪结束后自欧洲文艺复兴开始，如恩格斯所言“一个需要巨人而且产生了巨人”的时代出现，以莎士比亚为代表的剧作家创作了一批经久流传的戏剧经典；近现代西方资本主义的迅猛发展，催生出新的艺术思潮和创作方法，涌现了纷繁复杂的现实主义和现代主义戏剧。中国历史上的繁盛期，也总有戏剧的箫管氍毹迎合时代的潮汐，唐参军、宋南戏、元杂剧、明传奇、清京剧莫不如是。

新时期以来，中国的现代化进程不断加速，政治、经济、社会、文化面貌日新月异，文学艺术特别是戏剧艺术的发展步入新的轨道。社会主义的文艺事业是党的伟大事业的重要组成部分，因此得到党和国家的高度重视。

2014 年 10 月 15 日，习近平主席在北京主持召开文艺工作座谈会，并发表长篇讲话，首次提出了文艺的“高原”与“高峰”命题，引导人们反思文艺创作中所存在的现实问题，从国家文化复兴的战略目标出发，以顶层设计方式，提出了创造时代文艺、攀登文艺高峰的构想。此后，怎样创造无愧于时代、无愧于人民的艺术高峰之作、扛鼎之作、传世之作、不朽之作，成为当代思想界勤于思考的理论命题，也成为广大文艺工作者勇于探索的实践命题。

一

文艺高峰构想既然是国家文化战略的重要组成部分，因此我们有必要厘清其思想观念、理论内涵与逻辑脉络。

2014 年 10 月 15 日，习近平主席在文艺工作座谈会讲话中指出，“改革开放以来，我国文艺创作迎来了新的春天，产生了大量脍炙人口的优秀作品。同时，也不能否认，在文艺创作方面，也存在着有数量缺质量、有‘高原’缺‘高峰’的现象，存在着抄袭模仿、千篇一律的问题，存在着机械化生产、快餐式消费的问题”。讲话从问题意识出发，在肯定新时期以来文艺发展的成果的同时，揭示了商业大潮席卷之下文艺创作心态的浮躁、浮荡与文艺作品的功利化、浅俗化、庸俗化倾向。扫清迷雾，确定方向，“社会主义文艺，从本质上讲，就是人民的文艺。人民既是历史的创造者、也是历史的见证者，既是历史的‘剧中人’、也是历史的‘剧作者’。”“文艺需要人民。人民是文艺创作的源头活水，一旦离开人民，文艺就会变成无根的浮萍、无病的呻吟、无魂的躯壳。”[①]。讲话确立了中国文学艺术的本质属性、发展路径、美学品格、精神品性。

此后，习近平关于文艺高峰的构想不断深化，在其讲话中多有强调。2016 年 5 月 18 日，习近平在京召开哲学社会科学工作座谈会，在讲话中，他引证北宋代理学家张载的“横渠四句”：“为天地立心，为生民立命，为往圣继绝学，为万世开太平”，鼓励当代知识分子要有“立足中国、借鉴国外，挖掘历史、把握当代，关怀人类、面向未来的思路，着力构建中国特色哲学社会科学，在指导思想、学科体系、学术体系、话语体系等方面充分体现中国特色、中国风格、中国气派”。[②] 高峰艺术不仅需要创作者的努力，也需要

① 习近平：《在文艺工作座谈会上的讲话》，《人民日报》2015 年 10 月 15 日。
② 习近平：《在哲学社会科学工作座谈会上的讲话》，新华网，2016 年 5 月 18 日。

史论研究者、文艺评论家为其正名、释义，标定其价值的方位。

2016年11月30日，在中国文联十大、中国作协九大开幕式上的讲话中，习近平再次提到文艺高峰：“伟大的时代呼唤伟大的文学家、艺术家，广大文艺工作者要牢记使命、牢记职责，不忘初心、继续前进，同党和人民一道，努力铸就中华民族伟大复兴时代的文艺高峰。”[①] 习近平主席深刻阐述了文艺与实现中华民族伟大复兴的关系，将伟大时代与艺术家的使命担当紧密联系起来。

2017年10月18日，在中国共产党十九大报告中，习近平充分肯定了在过去的五年中，广大文艺工作者在唱响主旋律、弘扬正能量、弘扬社会主义核心价值观方面所取得的可喜成就，对于文艺事业和文化产业的未来发展，提出了新要求，制定了新规划，绘制了新蓝图。习近平指出，“文化是一个国家、一个民族的灵魂。文化兴国运兴，文化强民族强”。将繁荣社会主义文艺，与增强“四个意识”、坚定“四个自信”、实现“两个一百年奋斗目标”的国家战略紧密联系起来，号召文艺工作者“坚持思想精深、艺术精湛、制作精良相统一，加强现实题材创作，不断推出讴歌党、讴歌祖国、讴歌人民、讴歌英雄的精品力作。”[②] “三精”原则、四个“讴歌”成为文艺高峰的重要标志。

2017年11月21日，习近平在给内蒙古自治区苏尼特右旗乌兰牧骑队员们回信中，鼓励大家：“努力创作更多接地气、传得开、留得下的优秀作品。”[③] 勉励乌兰牧骑继续保持“接地气”的艺术姿态，深入生活，扎根人民；同时心里要装着广大的人民，不仅仅满足于一时一地的人民所需，让作品

① 习近平：《在中国文联十大、中国作协九大开幕式上的讲话》，人民出版社2016年版，第22页。

② 习近平：《决胜全面建成小康社会 夺取新时代中国特色社会主义伟大胜利》，《人民日报》2017年10月18日。

③ 习近平：《习近平总书记给内蒙古自治区苏尼特右旗乌兰牧骑队员们的回信》，新华网，2017年11月21日。

“传得开，留得下”，提升文艺的引领力、传播力、影响力。

2018年8月21日至22日，全国宣传思想工作会议在京召开，习近平在会上指出，“必须自觉承担起举旗帜、聚民心、育新人、兴文化、展形象的使命任务”。“把提高质量作为文艺作品的生命线，用心用情用功抒写伟大时代”。“讲好中国故事、传播好中国声音，向世界展现真实、立体、全面的中国，提高国家文化软实力和中华文化影响力”。[①] 文艺高峰关乎国家形象，必须以开放的文化胸襟和世界眼光，创造既属于当代也能流传后世、既为中国人民喜爱也为世界人民青睐的艺术精品。

2019年3月4日，习近平看望参加政协会议的文艺界社科界委员时再次强调广大文艺工作者、社会科学工作者的重要使命，提醒大家正在从事的工作是为中华民族“培根铸魂”，要“有信仰、有情怀、有担当，树立高远的理想追求和深沉的家国情怀，把个人的艺术追求、学术理想同国家前途、民族命运紧紧结合在一起，同人民福祉紧紧结合在一起，努力做对国家、对民族、对人民有贡献的艺术家和学问家”，“为时代画像、为时代立传、为时代明德”[②]，要坚定文化自信，把握时代脉搏，坚持以精品奉献人民，用明德引领风尚。

习近平强调社会主义文艺必须坚持党的领导，在艺术标准上坚持“思想精深、艺术精湛、制作精良”的目标导向，在创作立意上要坚持“有信仰、有情怀、有担当”“有筋骨、有道德、有温度”的价值取向，在艺术追求中要坚持“为时代画像、为时代立传、为时代明德”的艺术理想，这是广大文艺工作者创作艺术高峰、认知艺术高峰的重要思想武器。

习近平关于文艺高峰的论述，是马克思主义的文艺观在当代中国的发展，它区别于唯心主义的观念演绎与逻辑自恰，而是着眼于社会主义文艺对于社会实践的指导意义和改造世界的思想价值，是高屋建瓴、高瞻远瞩的关于新

① 《习近平出席全国宣传思想工作会议并发表重要讲话》，新华社，2018年8月22日。
② 习近平：《一个国家、一个民族不能没有灵魂》，《求是》2019年4月16日。

时代文艺发展的战略思想。

习近平强调了社会主义文艺的时代性、人民性、现实性、创新性，也强调了它所特有的传统的继承性、文化的自觉性、艺术的规律性、精神的引领性、价值的恒久性。他运用高原、精品、力作、杰作、优秀作品、经典等词汇指称有价值的文艺作品，而其语词的最高级显然是“高峰”。

那么，什么是“高峰”？地理学上的“高峰”，从来都不是处于低洼之地的山岚，而是矗立在高原之上、一览众山小的巅峰。

文艺学上的高峰之作，不可能是一个时代大多数人的一般性作品，而是那种有思想的前瞻性、精神的引领性、艺术的创新性、灵魂的发现性、美学的突破性的重量级、巅峰型的精品，在作品总量中占有少而精、精而尖的位置。任何时代的文艺高峰，都不可能像方尖碑一样兀然独立，它总是和一定历史时期的文化生态、文艺思潮、艺术思维的活跃和艺术方法的更新联系在一起，是在完整的文艺生态系统中建构起来的艺术顶峰所代表的价值体系。“无文艺高原不足以产生文艺高峰，无文艺高峰则无法辉煌于今世，流传于后代。还有一个地理名词叫‘高地’，一般都是先有一块块高地，再有高地连成一片的高原，而后才有高峰。如果每个作家、艺术家都争当一块艺术高地，在自己的艺术领域里占据一个制高点，创造出高水平的优秀作品。这样的文艺高地多了，连起来就成了广袤无垠的文艺高原，而文艺高原成形了，就会水涨船高，云借风势，形成文艺高峰”[①]。对于创造新时代的文艺高峰，广大文艺工作者充满信心。

二

习近平十分重视文艺的时代性，多次强调了文艺工作者、社会科学工作者要紧跟时代潮流，顺应时代要求。“希望大家承担记录新时代、书写新时

① 陈鲁民：《高地 · 高原 · 高峰》，《解放日报》2018 年 9 月 27 日。

代、讴歌新时代的使命，勇于回答时代课题，从当代中国的伟大创造中发现创作的主题、捕捉创新的灵感，深刻反映我们这个时代的历史巨变，描绘我们这个时代的精神图谱”。[①] 我们要认清新时代的新使命，增强文化自信，攀登文艺高峰。

习总书记在十九大报告中对于新时代做出了两个重大判断：一是中国特色社会主义进入新时代（这是我国发展中新的历史方位）；二是我国社会主要矛盾发生新变化；即人民日益增长的美好生活需要和不平衡不充分的发展之间的矛盾（从前的表述：人民日益增长的物质文化需要同落后的社会生产和不平衡不充分的发展之间的矛盾）；这是我们认识新时代的思想之门。

从改革开放的 1978 年到如今，我们经历了深刻的社会变革：

衣：1978 年，我们是全民撞衫，绿灰白蓝，款式简单。现在中国每年为全世界平均每人制造 3.5 件衣服、两双鞋子。

食：40 年前中国人根本没有减肥概念，1993 年取消粮票。1978—1990 是吃饱阶段，1990—2000 年吃好阶段，21 世纪以来进入追求营养和健康阶段。

住：40 年前没有商品房概念，几代同堂，叠床架屋，2018 年中国人均居住面积 36.65 平方米。

行：汽车生产 1978 年 14.9 万辆，2018 年 2900 多万辆。

人均寿命：1949 年：35 岁；1978 年：68 岁；2018 年：76.8 岁。

这些变化的数据表明，我国已经站在新的历史起点：一是经济总量稳居世界第二，从最大的发展中国家向世界现代化强国迈进；二是人均国内生产总值从 1978 年的 156 美元到 2018 年的 9000 美元；三是执政环境发生变化，中国面临着全新的发展机遇和挑战；四是社会主要矛盾发生变化，人民的物质生活、精神生活需求从有没有、够不够，向好不好、精不精的标准迈进。正如邓小平说，不发展有不发展的问题，发展起来也有新的问题。我们

① 习近平：《一个国家、一个民族不能没有灵魂》，《求是》2019 年 4 月 16 日。

面临的新问题是：如何解决发展起来以后的问题，如何将高速度发展转成高质量发展的问题，如何跨越中等收入陷阱的问题，等等。

在新的伟大征程中，全党和各族人民必须坚定文化自信。习近平指出，“文化自信，是一个国家、一个民族更基本、更深沉、更持久的力量”[①]。19世纪末，帝国主义势力用坚船利炮打开了古老封闭的中国大门，积贫积弱、封建愚昧的清朝统治者被迫割地赔款，丧权辱国，我们的传统文化也面临着凤凰涅槃式的浴火重生。仅1895年清政府与日本签订的《马关条约》，就让中国赔偿日本侵略者白银2亿两，割让台湾岛及其附属各岛、澎湖列岛，当时日本的国民生产总值，折合白银才不过7000万两而已。

那样一种落后挨打的时代已经一去不复返了，今天我们比历史上任何一个时期都更加接近中华民族的伟大复兴，民族自信的现实基础已经稳固，中国日益走进世界舞台中央，在人类命运共同体的建构中发挥出越来越重要的作用。

文化自信是习近平新时代中国特色社会主义文化思想的重要组成部分，事关国运振兴、文化发展、民族精神的提升。文化自信召唤着文化自觉与文化担当，体现了党对中国特色社会主义文化发展规律的战略思考和科学把握。

我们的文化自信来自哪里？一是崇高的理想信念，从传统的人本主义到现代的共产主义信仰。二是悠久的历史文化传统、思想理念和道德规范。三是自成一体、生生不息、自我更新、不断发展的中华文化命脉。四是自《诗经》《尚书》以来，到唐诗、宋词、元曲、《永乐大典》《四库全书》等汗牛充栋的优秀文化典籍。五是中华民族文化的整体观以及共同维系的文化理想。六是国际上对于中国主张、中国方案的响应和认同。

现在，中国社会政治经济文化的发展，已经让西方刮目相看。有西方学者研究中国的神话故事，认为中国人的老祖宗了不起。一座山挡在自家门前，

① 习近平：《决胜全面建成小康社会 夺取新时代中国特色社会主义伟大胜利》，《人民日报》2017年10月18日。

西方人想到的是赶紧搬家，而中国古代人就敢于“愚公移山”。一个人被大海淹死了，按照西方的逻辑，这是上帝和命运的安排，但是古代中国人不这么想，她魂魄不散，变成一只鸟，衔来细木碎石，要把大海填平，这是“精卫填海”。说到归齐，文化的软实力要靠硬实力支撑，以前一提到神话，人们言必称希腊，但是中国的经济发展了，国力增强了，西方人也从中国的神话里看出了了不起的神力。

立足于民族文化土壤，继承传统、开拓创新，是创造高峰文艺作品的重要途径。属于新时代的文艺高峰，既不是闭关锁国的孤芳自赏，也不是外国标准的框囿衡量，而是以民族的文化自信和开阔的世界眼光，集中国智慧和艺术理想于一体，创造出的有风骨、有气象、有深度、有魅力的艺术典范。

近年来中外文化交流、合作日益频繁。仅以戏剧交流为例，改革开放之初，中国戏剧家们从理论形态到表现形式，忙于向西方戏剧拜师学艺，求新逐异；进入新世纪，特别是十八大以来，外国戏剧大师如英国导演彼得·布鲁克、俄罗斯导演列夫·朵金、波兰导演克里斯蒂安·陆帕等人的戏剧作品、英国国家剧院的剧场演出录像等在中国舞台上轮番上演，中国国家话剧院、北京人民艺术剧院、上海话剧艺术中心、中国儿童艺术剧院的戏剧也走向了国际舞台。在法国的阿维尼翁戏剧节、英国的爱丁堡国际艺术节、俄罗斯的契诃夫国际戏剧节上，中国戏剧已经开始频繁登场亮相。

越是处于国际文化交流的频繁期，中国话剧越是要保持民族特色和中国风格，否则就容易邯郸学步，迷失自我。习总书记在报告中指出，“要尊重世界文明多样性，以文明交流超越文明隔阂，文明互鉴超越文明冲突，文明共存超越文明优越”[①]。本着习总书记所指出的“立足本来，吸收外来，面向未来”的文化发展策略，中国的戏剧工作者要提升文化自觉，坚定文化自信。无论是继承民族优秀文化传统，还是学习西方先进的艺术经验，根本的目的

① 习近平：《决胜全面建成小康社会 夺取新时代中国特色社会主义伟大胜利》，《人民日报》2017年10月18日。

都在于实现中国话剧的创造性转化、创新性发展。

文化自信是创造高峰艺术的底气，此外，还要有思想深化的动力、美学创造的能力、艺术创新的魄力、文化担当的伟力。要创造新时代社会主义的文艺高峰，既要有反映时代、关照现实、深入生活、扎根人民、探索人生、一步一个脚印地踏踏实实的创作姿态，也要理想信念的一脉贯穿、时代精神的集中体现、民族灵魂的完美呈现、中国风格的艺术表现。

三

“文变染乎世情，兴废系乎时序”。文艺作品是时代精神的写照。时代精神是特定历史时期的社会发展动力和趋势的集中体现，是身处其中的社会群体的心理和情绪的总体表征，是一种带有普遍性和典型性的集体意识。它往往体现于社会的意识形态，关乎社会的物质文明和精神文明。

习近平强调：“文艺是时代前进的号角，最能代表一个时代的风貌，最能引领一个时代的风气”，“举精神之旗、立精神支柱、建精神家园，都离不开文艺”。“每个时代都有每个时代的精神。文艺是铸造灵魂的工程，文艺工作者是灵魂的工程师。好的文艺作品就应该像蓝天上的阳光、春季里的清风一样，能够启迪思想、温润心灵、陶冶人生，能够扫除颓废萎靡之风。广大文艺工作者要高扬社会主义核心价值观的旗帜，把社会主义核心价值观生动活泼、活灵活现地体现在文艺创作之中，用栩栩如生的作品形象告诉人们什么是应该肯定和赞扬的，什么是必须反对和否定的，做到春风化雨、润物无声。”[①] 文艺高峰作品应当具有思想的深度、人性的维度、文化的厚度、精神的高度。

与时代同行、与人民同心、与观众共同创造，一直是中国话剧的艺术传统。百余年的话剧历史表明，这样一种现代的舞台艺术样式，促使其产生的

① 习近平：《在文艺工作座谈会上的讲话》，《人民日报》2015 年 10 月 15 日。

根本原因，就在于顺应时代发展、反映人民心声、谋求民族强盛。早在创始之初的文明戏阶段，当时的从业者，都是倾向于救国拯民的知识分子，有些人本身就是同盟会会员，话剧奠基者李叔同认为，“演戏一事，关系于文明至巨”。早期话剧领导者王钟声主张演戏的目的在于“唤醒沉沉之睡狮”。据史料记载，1927 年八一南昌起义之后，革命军队在挥师南下途中，军事参谋团的几位女同志，就利用战斗和行军间隙排演小话剧。

1929 年 12 月，红军部队在福建上杭举行古田会议。毛主席就在《古田会议决议》中指出，“红军的宣传队，是红军宣传工作的重要工具”。1932 年 12 月，李卓然等构思了四幕话剧《庐山之雪》，当时来不及写出剧本，就拿故事大纲进行排练。本来设计的情节是红军政委审判国民党指挥官，罗瑞卿担任导演，他想要动员性格内向的林彪参演，林彪不干，罗瑞卿使用激将法，林彪说要演他就本色当行，于是剧本做了改变：反映的是红军打进南昌，杀上庐山，活捉了蒋介石，对他进行审判。兵演兵、将演将：红一军军团长林彪扮演红军司令员，军团政委聂荣臻扮演红军政委，军团政治部主任罗荣桓扮演红军政治部主任。反派一方，军团保卫局局长罗瑞卿扮演蒋介石，童小鹏扮演宋美龄，红一军团政治部副主任李卓然扮演蒋介石的德国顾问。该罗荣桓出场时，他正患疟疾，坐在后台火盆边烤火。林彪在台上等不到，便下命令：“通信员，去把罗主任请来！”罗荣桓就这样被推上了舞台。林彪面对着眼前的“蒋介石”，突然来了情绪，也不按套路演戏，自行发挥起来，但见他语风凌厉，机锋甚健，势若破竹，对着“蒋介石”好一通训斥，“蒋介石”赶紧招架，神情尴尬。此剧在 12 月 30 日新年夜上演，红军战士们看在眼里，笑在心里，十分解气。

第五次反围剿失败之后，红军被迫实行战略转移，湘江之战中，红军指战员损失惨重，红军宣传员不顾生死，以文艺为武器，“打着竹板过湘江”，鼓舞士气，表现出大无畏的革命勇气，一些宣传队队员来不及撤退，英勇牺牲在抗敌前线。长征途中，“苍山如海，残阳如血”，从瑞金到陕北，平均每行进 1 公里就有 4 名红军战士牺牲，大约每 12 人中只有 1 人能够走到陕北。

李伯钊等红军文艺战士以革命乐观主义和奋斗精神，一路奋勇向前，编演小戏剧，给战士们增添了革命必胜的勇气。

无论是在艰苦卓绝的长征路上，还是在日寇铁蹄践踏下的华北大地，抑或是解放战争时期、社会主义建设时期，话剧工作者都是紧跟党的旗帜奋勇前进的生力军。革命红旗插到哪里，党的宣传阵地就扩展到哪里，这也是中国革命取得全面胜利的精神力量。

进入新时代以来，广大话剧工作者秉承紧跟时代、反映现实的艺术传统，坚持以人民为中心的创作导向，深入生活，扎根人民，在时代洪流和现实生活中寻找创作素材，在不断地摸索、探求、提炼、积淀中，努力向着“思想精深、艺术精湛、制作精良”的舞台艺术目标迈进。

豫剧《焦裕禄》表现了20世纪60年代中国经济困难时期，河南省兰考县委书记焦裕禄的模范事迹。他与农民兄弟一起工作、生活，忍饥植树，带病抗洪，把自己的生命贡献给了这片苍天厚土。共产党的干部焦裕禄，不是上级命令的机械照搬者，也不是困难麻烦的自私逃避者，而是想农民之所想，急农民之所急，心系苍生、满怀仁爱的共产主义理想的追求者。他相信“老百姓心里有杆秤，知道你是重还是轻；老百姓心里有面镜，知道你是浊还是清”。他无私无畏，可亲可敬，是一位有血有肉、生动鲜明的模范典型。

话剧《北京法源寺》取材于李敖的同名小说，讲述了晚清时期内忧外患加剧之时，康有为、梁启超、谭嗣同等维新变法人士，劝说光绪帝颁布“明定国是诏”，推行新政，无奈变法失败，谭嗣同等戊戌六君子慨然赴死。导演田沁鑫以法源寺为灵魂超度的道场和思想交锋的阵地，从当代文化立场出发，多角度、多层面地反映晚清历史的波谲云诡、仁人志士的肝胆热血、生死较量的尖锐激烈。此剧不以演员化身为角色的方式表演戏剧故事，而是淡化情节，强化思辨，让演员自由穿梭于叙事者、剧中人、旁观者、祭祀牌位中间，参与历史事件的再叙事，甚至直接参与意义评判。此剧的演出目的不在于告诉观众这一事件的缘起、过程、结束，而是让观众在众说纷纭的语流和信息之中，思考和感悟今昔、生死、荣辱、成败、得失等源于历史、触及今人的社会人生命题。

芭蕾舞剧《八女投江》中的舞蹈编排和舞美设计也让观众怦然心动，静静的白桦林里的群舞场面，林海雪原中的战斗风骨，八位弹尽粮绝的抗联女战士，面对凶残的日本侵略者，宁死不屈，决然投江时的壮美画面，既展现了女性与自然的天然和谐，也反衬出战争对美的破坏与毁灭。如何让八个性格各异、身世不同的女战士被观众牢牢记住？而不是混淆模糊？这颇能考验舞蹈造型的能力和舞台调度的功力，好在这一台芭蕾舞剧给观众交出了满意的答卷。芭蕾虽然是外来艺术，但是在被引进多年以后，已经植根于民族文化的土壤，成为民族艺术之林中的一棵大树。

近年来一批改编自文学名著的戏剧也显示出不俗的成绩，如《白鹿原》《平凡的世界》《一句顶一万句》《大码头》《二马》，等等。其中《白鹿原》《平凡的世界》一直在全国各地巡演，在取得了良好的社会效益的同时，也收获了一场演出最高票房 130 万元的佳绩。一些新创剧目取材广泛、风格多样，如历史题材《双碟扇》《遥远的乡土》，革命历史题材《从湘江到遵义》《送你过江》，农村题材《挑山女人》《桃花烟雨》，以英模人物为主人公的戏剧《谷文昌》《柳青》《麻醉师》，等等，都显现出了可喜的创作态势和骄人的演出业绩。

创造新时代中国艺术的高峰，既是新时代的新使命，也是文艺工作者的自觉行动。尽管我们向高峰攀登的道路还很长，但是，我们有理由相信，高峰就在前面，曙光终会出现。其认知前提，“一是一百多年的战争已尘埃落定，尤其是在经历了五四新文化运动和抗日战争，中国完成了文明的再造和民族精神的凝聚，缔造了现代民族国家，并迎来了一个空前和平发展时期；二是我们的开放度空前，文化的多样性也是前所未有的，如同习近平总书记报告中所说，当代中国正经历着我国历史上最为广泛而深刻的社会变革，也正在进行着人类历史上最为宏大而独特的实践创新。我们有以爱国主义为核心的民族精神和以改革创新为核心的时代精神，我们完全有理由憧憬，真正的文化高峰为时不远”[①]。据北京演出行业协会针对142座演出剧场所进行的统计：“2018年戏剧类演出12217场，接近总演出场次的一半；吸引观众约467.7万人次；票房收入超6亿元，占据总票房的33.9%，已成为北京广大市民重要的文化活动之一。其中话剧、儿童剧最为活跃，共演出8738场，贡献4.78亿元票房”[②]。这其中既有原创、新创剧目的流光溢彩，也有重排、改编剧作的轮番上演；既有中外戏剧交流合作的可喜业绩，也有小剧场戏剧的探索实践。

四

修筑艺术高地、创造艺术精品、攀登艺术高峰，从来都不是一件简单容易的事情，也不可能一蹴而就。这一方面是因为高峰作品的出现，必须有与之匹配的艺术生态、文化资源、社会机制、人文环境，等等，也需要艺术家个人的超常的艺术天分、勤奋的工作姿态、充沛的精神能量以及飞升的艺术想象，等等；另一方面认知和诠释艺术杰作也需要空间、时间和审美心理的积淀。凡·高的绘画作品是在他逝世之后才获得巨大的轰动效应的，而当时比契诃夫文名更盛的作家波塔片科，如今早已被世人遗忘在历史的尘埃里了。以中国剧作家为例，20世纪30年代登上文坛的曹禺及其戏剧，其艺术史的定位和文化价值在新时期以后才得以确立，老舍先生被誉为“东方舞台上的奇迹”的话剧《茶馆》，在老舍生前是籍籍无名的。对于发现艺术杰作，文艺评论家责无旁贷，然而艺术评论本来就是评论家的灵魂在艺术杰作中的冒险，没有哪一个评论家拥有全能的上帝之眼，因此在艺术精品面前指鹿为马、荒腔走板的事情并不罕见。这需要我们不断提升自身的艺术修养，保持艺术定力，做到有胆有识，以耐心和勇气，以理解和宽容，坦诚、辩证、客观、公

① 祝勇：《从“高原”到“高峰”》，《文艺报》2016年12月26日。
② 北京演出行业协会，参见 https://www.chinahospitalitynews.com/cn/2019/01/08/77046/

正地看待一切艺术作品。

艺术精品需要思想的支撑，但是思想之于艺术，不是标签、不是符号、不是拼接，好的艺术的深刻性就在于思想的潜在性，正所谓“水中盐味识诗禅”。好的戏剧对观众的心灵如同春风化雨，润物无声。当今剧场，戏剧一旦摆出一副高台教化的样子，网络时代的观众不仅不买账，恐怕还会逃之夭夭。

艺术精品需要和宏大的时代主潮相呼应，但这不是体量越大、规模越大越好，八大山人、齐白石等人的画作尺幅都不大，毫无疑义的艺术杰作《蒙娜丽莎》也是不到一平方米的小画，但是这一点也不影响它们的身价。司马迁的《史记》不过60万言，当今一般的学者都有数倍于《史记》的著作出版，可是谁又敢言，自己的学术贡献超过了司马迁？乾隆皇帝位高权重，一生写了三万多首诗篇，可是又有哪一首能成为经典？

艺术创作必须明确为什么人的问题，新时代的艺术高峰只能来源于人民大众的生活并且服务于人民大众。有价值的艺术需要深入生活，这是毫无疑问的，但是机械地被动地暂时地深入生活，只能是浮萍映水、走马观花。毛泽东主席说过，“人类的社会生活虽是文学艺术的唯一源泉，虽是较之后者有不可比拟的生动丰富的内容，但是人民还是不满足于前者而要求后者。这是为什么呢？因为虽然两者都是美，但是文艺作品中反映出来的生活却可以，而且应该比普通的实际生活更高更强烈，更有集中性，更典型，更理想，因此就更带普遍性”。[①] 柳青在神禾塬上当农民，一当就是14年，他是把农民生活外融于身，内化于心，才创作出了了不起的文学作品。换一个没有文学才能或者不肯用心用情用功的人，即使在神禾塬盘桓多年，终会一事无成。

在朝着高峰迈进的过程中，我们先要创作出优秀作品、艺术精品。就戏剧而言，以本人多年的观剧愚见，大体归纳出如下几点好戏剧所应当具备的条件：

---

① 《在延安文艺座谈会上的讲话》,《毛泽东选集》第3卷，人民出版社1991年版，第861页。

1. 拥有最多受众，雅俗共赏

一部戏剧如果演了两场就完了，没有人想再看了，后世的人也不可能复排、重演，这绝对算不上好作品。古今中外优秀的艺术作品，哪一个不是拥有经久不衰的艺术魅力呢？它们不是学究式的吊书袋的话语集合，也不是供给少数人消遣的对象，而是拥有最广大的受众、雅俗共赏、老少咸宜的艺术精品。

2. 不因时代转换而被遗忘

红火一时、热闹一阵、影响一隅的艺术作品，算不上真正的好作品。古希腊的悲剧、古印度的梵剧，莎士比亚、莫里哀、雨果、霍普德曼、梅特林克、易卜生、果戈理、奥尼尔、贝克特、品特等人的戏剧，中国剧作家关汉卿、王实甫、汤显祖、曹禺、老舍等人的戏剧，在剧作家的自然生命完结以后，其戏剧的艺术生命依然延续。

3. 塑造了成功的典型的艺术形象，令人过目不忘

一部戏剧给人留不下鲜明的形象记忆，无论如何算不上好作品。俄罗斯文艺理论家别林斯基，十分看重文艺的典型化，他认为，“在一位具有真正才能的人写来，每一个人都是典型，每一个典型对于读者来说，都是似曾相识的不相识者”[①]。“典型，既是一个人又是很多人，就是说这样的一种人物描写，他身上包括了很多人，包括了那体现同一概念的一整个范畴的人们”[②]。普罗米修斯、俄狄浦斯、哈姆雷特、达尔杜弗、三姊妹、万尼亚舅舅、埃斯特拉冈、弗拉基米尔、鲁侍萍、繁漪、陈白露、王掌柜、常四爷、秦二爷、庞太监等戏剧形象，堪称过目不忘。

4. 言近旨远，具有不断被解读和阐释的艺术空间

好的戏剧本身就是一个具有复杂表意功能的符号系统，其能指和所指具

① ［俄］别林斯基：《论俄国中篇小说和果戈理君的中篇小说》，满涛、辛未艾译，上海译文出版社 2000 年版，第 159 页。

② ［俄］别林斯基：《别林斯基论文学》，梁真译，新文艺出版社 1958 年版，第 120—121 页。

有内在的张力和不断变化生成的可能性。伟大作品的思想、形象、美学内涵，可供后世的人们不断解读、诠释、感知、发现新的意义空间，最大限度地接近其核心价值，却永远无法抵达意义的终点。

5. 富有启悟性和教益性

莎士比亚曾经说，自有戏剧以来，它始终是人生的一面镜子。它是人生的模仿，而模仿的目的就在于给人以启发和教益。现代戏剧导演之确立者洪深认为，“现代话剧的重要，有价值，就是因为有主义。对于世故人情的了解与批评，对于人生的哲学，对于行为的攻击或赞成——凡是好的剧本总是能教导人们的”[①]。他甚至将能否“对社会说一句有益的话”当作评判戏剧艺术价值的重要前提。只有感官娱乐功能、娱乐至死的艺术，必然走向没落和衰朽。

6. 内容与形式完美统一

戏剧构成要素之间，完整、统一、和谐、一致的关系，以及它所呈现的艺术形式的完美，是优秀戏剧存在的必要前提。美国文艺理论家苏珊·朗格认为艺术是有意味的形式。内容与形式不是截然分开的，这是众所周知的道理。但是作为文本的戏剧和作为演出的戏剧还是具有很大的差异，戏剧演出中的大投入、大布景、大制作之所以遭到质疑，就是因为它不以制作精良为前提，而以形制规模谋利益，造成了形式与内容的不协调与不统一。

7. 涉及人类生活中长期悬而未决的哲学命题

戏剧是关于人的艺术，曹禺先生说过，没有人敢说把人琢磨透了，因此也没有人敢说把戏剧琢磨透了。戏剧所涉及的生、爱、死的艺术母题，关于人的灵魂、行动、处境、矛盾、抉择、命运、价值，等等，大多具有悬而未决的哲学属性，《被缚的普罗米修斯》《俄狄浦斯王》《哈姆雷特》《伪君子》《进入黑夜的漫长旅程》《雷雨》《日出》《原野》《茶馆》《关汉卿》，等等，在主题意涵上都带有不可复制、难以通约的基本特征，戏剧主人公面临的人生问题也是没有终极答案的，并因此显示意义的深刻性。

---

① 洪深：《从中国的新戏说到话剧》，《现代戏剧》，1929 年第 1 卷第 1 期。

艺术高峰是当代艺术的愿景，也是我们应当为之奋斗的艺术使命。我们要有“衣带渐宽终不悔，为伊消得人憔悴”的精神准备，也要有“两句三年得，一吟双泪流”“语不惊人死不休”的刻苦认真，更要有“弄潮儿向涛头立，手把红旗旗不湿”的奋进姿态，努力创造出属于时代和人民，构筑民族魂魄和中国精神的艺术精品。

（宋宝珍　中国艺术研究院研究员）

“高峰”的召唤
——中国舞蹈发展忖思

江　东

习总书记对文艺界提出的“高峰”号召，是就中国文艺界目前的发展状况而对广大文艺工作者提出的一个更高更严更精的要求。一段时间以来，对于这个问题的讨论成为中国文艺界各个领域出现的高频关键词。也的确，通过这些讨论，大家能够统一认识，明确目标，进而从思想层面上对于党中央的号召给予及时而积极的响应。作为中国文艺事业的一个组成部分，中国当代舞蹈艺术在如何走向高峰这方面的意识也在不断觉醒和强化，广大舞蹈工作者在时代的召唤下，勇于向着更高的目标不断迈进，体现出了空前的热情和责任心，近期来一系列作品的涌现，已经充分证明了这一发展趋势。

从高原迈向高峰，对于今天的中国舞蹈而言，这不但是一个冲锋的号令，同时更是一个难得的发展机缘。伴随着这样一个不断升腾的时代嘱托和信任，中国舞蹈界的动力会越发地被激发，能量会空前地被激活。而这样一个在党中央不断指引航向下而形成的发展趋势，一定会让舞蹈界不断匡正自己脚下的道路，用自己的光和热来为祖国的不断崛起做出贡献。

一、中国当代舞蹈的健康发展道路和趋势

当历史跨入新中国成立的门槛之后，中国的当代舞蹈艺术在党和国家的直接关怀和引领下，沿着社会主义的审美原则，十分强劲地发展并壮大了起

来，在不同的时期，都出现了获得良好社会满意度的舞蹈佳作。

20 世纪 50 年代，伴随着中国的社会主义建设，舞蹈艺术成为弘扬社会主义精神的重要艺术品种。虽然一切都是在百废待兴的基础上白手起家的，但刚刚做了主人的中国人民却拥有着当家作主的无比豪迈；虽然条件简陋，但中国人民更加相信自己愚公移山般的毅力和决心，有条件要上，没有条件创造条件也要上。于是，宏图在心，重任在肩，让刚刚开始萌芽的中国当代舞蹈艺术同时获得了巨大的生长空间。

20 世纪 50 年代初期，随着中国歌剧舞剧院、中央歌舞团、中央民族歌舞团以及北京舞蹈学校（今北京舞蹈学院前身）的建立，共和国的舞蹈事业开始走上了健康发展的康庄大道。专业舞蹈人才的迅速涌现，成为这个事业的坚实基础。在中国舞蹈家们励精图治的努力下，很快便在中国大地上出现了由中国人创作、中国人表演、为中国人服务的舞蹈作品，《鄂尔多斯》《荷花舞》《孔雀舞》《草原上的热巴》《红绸舞》《花鼓灯》《春江花月夜》《快乐的啰唆》《洗衣歌》《丰收歌》《宝莲灯》《小刀会》《鱼美人》等时代精品，很快便成了在中国社会广为传播、令大众喜闻乐见的舞蹈精品，这些作品昂扬着社会主义的时代风尚、蕴积着“为人民服务”的严谨态度和精益求精的艺术构思，成为新中国建立以来的第一批优秀舞蹈佳作中的代表，它们同时也见证了中国当代舞蹈事业在新中国成立后十几年的时间里便能成功企就艺术高峰的不凡伟业。这样的结果，不但让党和政府满意，也让人民和业界充满了自豪之情。

应该说，20 世纪 50 年代中国在舞蹈行业上的发展，同新中国其他艺术形式一样，都是在毛泽东《在延安文艺座谈会上的讲话》精神为指导原则的，为工农兵服务、为人民服务的思想深入人心，讴歌时代、向生活学习的时代主张始终是那个时期中国舞蹈人牢记于心的座右铭。在党的号召下，广大舞蹈工作者深入到火热的基层生活第一线，与工农兵同吃同住同劳动，尽力体味着劳动人民的思想感情，并在生活中捕捉艺术的表现契机和创作灵感。同时，为了有能力建设自己的美好家园，广大舞蹈工作者们狠抓基本功，努力提升自己的业务水平，将新时代的豪迈心态转化为自我成长的不竭动力，在艺术表达上不断锤炼自己的表现功力。因此，50 年代的舞蹈创作活动便获得了不断升腾的表现源泉和动能。许多舞蹈作品被直接从生活中提炼出来，加上舞蹈家们的精巧构思和艺术创想，从而达到了上佳的艺术成色，让那个时期中的许多作品成为载入共和国舞蹈事业史册的艺术精品。

《荷花舞》就不愧是这样一个时代的精品之作。这个在舞蹈大师戴爱莲的亲自打造下为参加世界和平大会而打造的女子群舞，以其清丽的艺术形式和深邃的思想内涵赢得了国内外观众的欢迎，让世界人民看到了中国人民热爱和平的初心，也以亭亭玉立的艺术形象展示了新中国人民出淤泥而不染的美好品性。戴爱莲这位自幼在西方学舞的国际舞蹈大师，于抗战时期回到祖国怀抱后立刻开启了她在中国民族舞蹈艺术发展上的求索之路，她不但自己表演民族舞蹈如《瑶人之鼓》《哑子背疯》等，同时也在新中国成立后成功地创作出《荷花舞》《飞天》等传世之作。《荷花舞》的“水上漂”艺术形式取材于流传在西北一带的民间舞蹈形式，经过了戴爱莲等人在舞蹈、音乐和服装上的进一步改进，终于有了在艺术呈现上的天成景观。该舞的艺术形象落落大方，款款有致，以崭新的艺术情景成就了中国当代舞蹈史上的一个“高峰”之作。这个立足于民族舞蹈立场的精彩作品富有浓厚的民族意识和情怀，完全是从中国特有的形式及其情感去进行艺术的创作和表达。今天我们再来看这个作品的成功之处，可以鲜明地捕捉到其中洋溢始终的中国民族意趣，因此，中国舞蹈走向“高峰”的必由之路应该是从“我”出发，立足“自我”，尽力挖掘中国文化所特有的意蕴和表达手段。《荷花舞》以十分高雅的形式美，表达出了中国人的特定文化心境，这种高级的舞蹈艺术之美为今天正在追索“高峰”之作的我们给予了十分有力的启迪。

《洗衣歌》是又一个具有十分贴切的主题和贴切的艺术表达的舞蹈作品。这个作品以藏族舞蹈为基调，讴歌了藏族人民热爱亲人解放军的军民鱼水之情。舞蹈通过一群藏族女青年到河边汲水时看到解放军班长在为战士们洗衣服于是设计为班长洗军衣的内容，几个贯穿其中的小情节在设计上颇见编导的匠心。作品格调清新，民族味道浓郁，段落的安排十分合理而有效，载歌载舞的方式很容易走近观众。因此这个作品从当时的西藏军区歌舞团一问世，立刻得到了全国人民的喜爱，其中的唱段和舞段迄今都是许多场合下可以经常看得到、听得见的熟悉场景。这个作品虽然情节变化不少，却并不哗众取宠，而是被编导处理得通俗易懂、亲切朴实，那个时代所特有的一种质朴情愫随着班长和一众藏族女青年的交融互动而跃然纸上，有民族的情感，有民族的形式，也有民族的风情。编导能在寻常的藏族舞蹈动态中积极开掘主题思想，用鲜活的艺术表达来宣传军民情谊，这种健康积极向上的思想意识是那个质朴年代的基本内涵，也是又一个“高峰”之作，能够让我们汲取的正面经验。

于 1964 年问世的大型音乐舞蹈史诗《东方红》，是一个带有总结性质的作品集，其中，一系列优秀舞蹈作品不绝于目，新中国成立 15 年来的丰硕歌舞成果，都在这部大型作品中被成功记录了下来，其中自然不乏“高峰”之作。《葵花向太阳》《秋收起义》《飞夺天险》《雪山草地》《百万雄师过大江》《民族舞蹈》等舞段，都用它们丰盈的情感和独特的构思以及精湛的呈现，诉说着中国舞蹈家们的坚韧付出和良好收获。而中国当代舞蹈艺术事业在短短的 15 年间便能够登上艺术的巅峰，则雄辩地证明了党和国家的英明领导和广大舞蹈工作者坚持不懈的艰辛努力与奋斗，这些因素同样都是让中国舞蹈能够不断产生“高峰”之作的重要原因。

《红色娘子军》和《白毛女》是两部被列在“20 世纪华人舞蹈经典”之列的舞剧作品。这两部分别诞生于北京和上海的舞剧佳作都改编自现成的艺术作品，却都产生了非常大的历史效果，在一个特定的时期中持续地发挥着它们的巨大作用，为特定时期的人民带来了艺术的慰藉和涵养。作为特定时代的产物，这两部作品都具有很强的时代印记，其在艺术上的不俗表现也让它们在此后的几十年间常演不衰，并成为世界舞坛透视中国舞蹈发展的风向标。在这两部作品的巨大影响下，中国当代舞蹈的发展获得了非常特别的经验，特别是在中国芭蕾舞艺术的积累上为中国舞人挣得了难得的荣耀。世界芭蕾舞坛从此有了中国人创立的特定艺术形象，这对于中国舞蹈在世界范围内取得进一步的影响显然是一个不易得到的契机。

“改革开放”以来，中国舞坛东风劲吹凯歌高奏，一个崭新的春天不但让新中国成立之后建立起来的良好传统得到了很好的延续，同时也让中国舞蹈犹如一只不断跃升的雄鹰向着更为宽广的空间踊跃腾飞。舞剧方面可谓是丰收连连，从初期的《丝路花雨》《文成公主》《阿诗玛》《半屏山》《黄土地》《高山下的花环》等佳作，到后来的《红梅赞》《一把酸枣》《大梦敦煌》《云南映象》《雷和雨》等，再到今天的《沙湾往事》《泥人的事》《八女投江》《李白》《记忆深处》《醒·狮》《永不消逝的电波》等，都彰显出中国舞剧的巨大能量。这种能量，应该说，在今天的国际层面上并不多见，它既体现出中国经济实力空前增长之时带给艺术发展的强大支撑，同时也让世人看到了中国舞人的艰苦卓绝和不懈努力。

而这其中的最为耀眼的莫过于张继钢、杨丽萍、王玫等人的精彩表现。

张继钢是新时期出现的又一位舞中奇才，由他创作的舞蹈晚会《献给俺爹娘》不仅是新时期舞蹈事业的难得佳作，同时也是中国当代舞蹈在艺术水准上的一次高质量体现。伴随着当时的文化“寻根”热，张继钢充分调动了他以往在故乡山西的生活感悟及其在北京舞蹈学院求学时期积累起来的丰沛艺术涵养，从文化的角度切入，让舞蹈竟然拥有了带有深入哲理思考的人文理念，用舞蹈美来呈现哲学思考的结果，将道理蕴含于舞动之中，成为一个时代的典范。《黄土黄》《俺从黄河来》《一个扭秧歌的人》《好大的风》等，若非现场观看，很难想象得出来舞蹈竟然可以如此惊人得深刻。在《黄土黄》的结尾处，众生沉浸在乐观而入狂的安塞腰鼓舞动之中，背景上巨大的黄土地布景片在缓缓下落，映衬着黄土地上的民众在不断升高，一位农民匍匐在大地上，捧起一掬黄土贴在胸前、贴在脸上，紧接着他奋力将黄土抛向天空。这样一个场景总也不能令人忘却，那份“面向黄土背朝天”的根之意识，那份中国人何以为中国人的道理，大念于心。张继钢用他的舞蹈讴歌了世世代代生息繁衍在华夏这一方土地之上的人民，也为舞蹈之所能达到的表现深度揭开最为不凡的一页。

从张继钢的创作中，除了能鲜明地感受到中国民族民间舞蹈的特色，还可以看到创作水平的日益进步，大量新鲜的创作手法和细节被他用来演绎自己的思想，而这份新鲜的舞动体验却也是中国舞蹈在新领域不断取得进展的良好体现。

杨丽萍则是伴着《雀之灵》翩然而至、让国人一睹她的舞蹈天资的。这位来自西南边陲的天生舞者，凭着她独立于世的舞动，逐渐成为万人瞩目的焦点。到了杨丽萍，中国的民族民间舞蹈已经走过了 20 多年的发展之路，其在观念层面和表演方式上形成的成功经验，已经为国人所赞赏。然而杨丽萍并没有躺在这个功劳簿上，而是以她十分独立的姿态将中国民族民间舞蹈的艺术发挥提升到一个崭新的层面。她纯净、剔透、灵巧、坚执，那个空灵的孔雀不正是她本人的一个化身吗，在《雀之灵》中，杨丽萍就是那只昂首孔雀的美丽化身，她用自己的故事打造并呈现出一个完美的艺术精灵。《雀之灵》确立了杨丽萍在中国舞坛上的霸主地位，而这个美丽的“精灵”并未满足于此，而是一发不可收拾地开始了她看不到尽头的跋涉，《云南映像》《藏谜》《云南的响声》《孔雀》《十面埋伏》，杨丽萍以一部又一部执着翱翔于艺术领空的大型作品，彰显着她不竭的创作才思，她在艺术上从不停歇、勇于探索的精神，也通过她的舞蹈意象带给观众无穷的艺术感动。杨丽萍是中国舞蹈市场中不多见的票房奇迹，她用自己高雅而严肃的艺术主张、灵艳而癫狂的表演状态、忘我而不羁的构思创想，让中国人民为拥有这样一位中国舞蹈家而无比自豪。新时期不断见证着一位位不断创作历史的中国舞蹈家，而杨丽萍成为这个群体的亮丽代表，让中国舞蹈事业的进一步衍进得到保障。

王玫是中国当代舞蹈的又一大收获，这位早年曾学过芭蕾、民族民间舞的舞蹈教员，以一种常人无法领喻的冷峻和严谨让现代舞成为自我表达的一种现实工具，舞蹈在她的眼里已经俨然成为一个具有超高价值的艺术试验品，在她不断地把玩和尝试下，成为一个折射人类思想深度和光芒的万花筒。拥有哲人般对问题刨根究底的执念和对身与心相交融的追求，她开始了自己迥异于人的舞蹈探险。一路上，各种险途都成为成就她独特艺术观的酵母，终于让王玫的创作在具有引领效用的同时也为人的深思带来机会。《雷和雨》《天鹅湖记》《流行歌曲浮世绘》《洛神赋》……一部部作品像一把把利剑，穿透美丽的幻象，直抵灵魂深处，常常让观者骇得惊恐万分，而沉入其中的那份感念又会随着艺术的升华带来情感上的高度共鸣。王玫是中国舞坛一位不可多得的侠客，她的恣意独行，她的肝胆相照，她的冷面笑傲，她的绝世侠情，都让她的舞蹈艺术总是呈现出一份不羁的视觉攻击力，总是让观者对她的新作怀有一份持续的期待，总会带给人振聋发聩、醍醐灌顶的酣畅淋漓之感，总会给人带来一份欲重新认识舞蹈艺术的冲动。王玫的舞蹈力，拥有一份启迪灵性的价值，更有一份让人如获至宝的欣喜。

这些舞人都用他们的“高峰”之作让人为之着迷，而他们的人生及其作品不啻照亮了中国舞蹈艺术的天空，成为众多为之甘洒汗水的舞者的集中代表。

进入 21 世纪以来，中国舞蹈界的“高峰”之作不断涌现，各舞蹈赛事中，优秀作品你方唱罢我登场，其中，由东北师范大学推出的一系列舞蹈作品，都让人感受到了中国舞蹈所独具的艺术魅力，《中国妈妈》《进城》《南京·亮》《羚羊的外套》《鸡毛信》等，这些作品无论是从思想层面还是艺术角度都呈现出了相当不俗的水准，成为一个时期以来舞蹈精品的集中体现。

女子集体舞《中国妈妈》用一个十分短小精悍的篇幅挖掘出了极为动人而深入的主题，它描写的是抗日战争时期中国东北地区的中国妈妈抚养日本遗孤长大成人的内容，将中国母亲所拥有的博大胸怀和宽厚品性通过这个具体可感的故事表现了出来。作品以炽烈的情感讴歌中国人民的美好品格，其深刻的含义和十分高超的艺术感染力，成为一段时间以来舞蹈界出现的最为了不起的重要作品。同时，《中国妈妈》让业界见识到了青年编导王舸的创造潜力，作为北京舞蹈学院民间舞系的一名毕业生，王舸没有辜负大家的期望，以不断的作品回报了人们对他的期待，《汉宫秋月》《父亲》《凤悲鸣》等作品展现出他在创作上的灵气和能耐。而由他打造的舞剧如《骑楼晚风》《徽班》《红高粱》《诺玛阿美》《大禹》《天路》等，也在高产中不断培育着自己的羽翼，向着更高的高度不断翱翔。

从20世纪50年代第一批高峰之作的涌现，到改革开放之后张继钢等人作品的延续，再到今天以《中国妈妈》为代表的时代佳作的问世，中国舞坛每个时期都有自己的“高峰”榜样，它们既让舞蹈界人士获得了自信和前行动力，同时也为社会、为人民捧出了用心血浇灌的精神食粮。在这条通往“高峰”的发展路途中，党的召唤和广大舞蹈家不舍昼夜的付出是成功之根本。

二、从“高原”到“高峰”的历史目标及其途径

回顾中国当代舞蹈艺术发展的历史性进展，可谓是峰峦叠嶂，错落有致，在时代的光芒照射下，不时地闪现出让业界为之惊喜和振奋的力作。如今，对照习总书记为中国文艺发展设定的“三精”标准，我们可以十分清晰地明了“高峰”之作所应具有的高度，从“思想精深、艺术精湛、制作精良”这三个维度来把握艺术精品的生命。

（一）“思想精深”是艺术作品的生命线

应该说，中国当代舞蹈艺术的一大特点，便是其在思想或主题立意方面十分鲜明的进步意义。

日本建筑师芦原义信在他的著作《街道的美学》（百花文艺出版社）一书中从建筑美学的角度出发将建筑物分为“P模式”和“N模式”。所谓“P模式”沿用了英文“positive”的意思，意为“积极、向上、正面”之义；而“N模式”则是英文中的另一个词汇“negative”的缩写，意为“被动、负面、消极”之义。那么在芦原义信看来，所有建筑物都不外乎可以用这两个字母来涵盖，或为“积极”的，或为“消极”的。那么，按照这个方式来套用舞蹈艺术，我们可以分明从中国当代舞蹈艺术的精神中，感受到积极向上

的正面“P 模式”信息。也就是说，新中国成立以来发展起来的中国当代舞蹈艺术，自始至终呈现出一种积极向上、鼓舞人心的艺术特质。

除了前面提到过的那些舞蹈精品，我们同样可以在类似《红绸舞》《狼牙山五壮士》《五朵红云》《三千里江山》《无声的歌》《黄河》《傲雪花红》《烽烟桃花飞》《闪闪的红星》《记忆深处》等舞蹈舞剧中，感受到强烈的来自思想层面的巨大威力，舞蹈家们通过舞蹈作品表达出来的扎实的思想之光，放射出十分耀眼的光芒。

20 世纪 50 年代问世的《红绸舞》，是新中国具有代表性的舞蹈佳作。这个作品采用“舞长绸”这种传统技艺，为其赋予了崭新的思想内涵，让具有十分醒目的中国风范之技艺成为传达中国人民思想及其精神的专有利器。“长绸”这种方式从古代的巾舞、袖舞发展而来，拥有十分悠久的历史，发展到后来，成为一种十分有可看性的传统技艺，特别是在梅兰芳的戏曲艺术中得到了很好的继承和发展。新中国的舞蹈家们在这种传统技艺中觅到了表现的契机，非常好地承继了传统并让其焕发出新的时代姿容。这个作品在编排上十分讲究形式感，以不同的男女组合让整个作品呈现出清新积极的一面，十分贴切地传达出进入新中国的人民之正面情感。由于其典型的中国特质，如今世界上仍有很多人对于中国舞蹈的认识都与其相关。“舞长绸”成为中国舞蹈形象的最佳代表。这个作品有精神、有技术，融技于艺之中，让技术成为思想最准确的表达依托，从而收获了一个富有思想表现力度的代表性舞蹈作品。

“改革开放”之后由北京舞蹈学院创作的集体舞《黄河》，通过提炼和加工中国古典舞的舞姿，配以《黄河大合唱》的恢宏旋律，以大写意般的表现声势将中国人民在抗日战争中奋勇抗敌的精神给予了全情的讴歌，舞中那连绵不断的象征性艺术意象，是中国人民同仇敌忾的集中体现，也是编导们对于这段革命史实的深入理解和艺术的再现与处理，那些鲜明地鼓舞人们不做亡国奴的舞段，不仅有着巨大的感召力同时也让人充分感受到了正义的能量。

《无声的歌》是由原沈阳军区歌舞团推出的，它以中国共产党人张志新不畏邪恶最终被割喉这一血淋淋的真人真事作为表现对象，巧妙地从主人公不能再说话这样一个事件出发，不采用任何音乐旋律，而是用风声、水声、镣铐声等组成了一个声响的听觉空间，十分传神地将主题贯穿在舞蹈之中，塑造了一个坚贞不屈的共产党人的艺术形象。

于前不久在江苏问世的舞剧《记忆深处》，选材自美籍华人张纯如在面对灭绝人性的“南京大屠杀”的斑斑血泪史而无法自已最终选择自杀的故事。舞剧正视日本军国主义犯下的人类暴行，以批判的姿态高调谴责日寇的罪恶行径，并通过张纯如、魏特琳、拉贝等人的具体舞蹈场景描写，为世人揭露出一个毫无人性的旷世暴行，显示出中国舞蹈编导的历史责任感和正义性。

从以上这些具有代表性的作品中我们不难看到，思想精深的基点来源于选材上的立意，准确而精到的题材选择寄喻着精深的寓意表达，而在创作中对于这一环节的把控，体现着创作者自身的思想水准。强化学习提升自我的认识能力和判断能力，进而在生活中能够捕捉到有深度的题材并予以艺术表达，应该是艺术家们的基本功和职业素养，为了达到这样的水平还需要艺术家们不断学习、努力汲取。唯此，才能让我们的艺术作品首先在“思想精深”这一首要环节中获得有效的进展。

（二）“艺术精湛”是艺术作品的试金石

艺术品之所以是艺术品当然在于这个作品的艺术表现质量。而作为一门颇为讲究形式感的艺术形式，舞蹈艺术的“艺术”体现在其精湛的艺术表达层面。

不断走向高级的艺术表现，可以说是任何一位舞蹈编导都会予以努力追求的终极目标，在他们大量的舞蹈创作活动中，他们也始终在锤炼着自己的艺术情致，将表现触角和富有艺术咀嚼内含的产品不断奉献给社会。艺术家的表现灵气，当然就在于他们创作的艺术品之中，那些可遇不可求的形式因素，让很多作品呈现着无法言喻的形式内涵。

作为中国古典舞的一个成功之作，由陈爱莲表演的《春江花月夜》以清婉无瑕的意境和清新脱俗的气质将这种在新中国成立之后创建的舞种提高到一个崭新的艺术高度，也奠定了中国古典舞的基本审美格调。这种源于中国戏曲和武术的舞蹈种类，在努力建设着中国的舞蹈气派，却也在后来走过了一段曲折之路。新时期，《扇舞丹青》的问世让关于中国古典舞命运的连续讨论看到了一线光明，这个女子独舞作品以其意趣悠扬的流畅动势和古意盎然的美学意境，为古典舞的发展带来了积极的信号，精湛的艺术表达为古典舞的审美基础做出了新时期的回答。伴随着“桃李杯”舞蹈比赛的不断运行，古典舞的创作走出阴霾，以明朗的时代气息和高级的审美意韵不断地让这棵老枝结出新芽。伴随着这一趋势的日益明朗化，古典舞的作品终于一绽其早该出现的美丽姿容。

考察院校舞蹈教育发展的“桃李杯”舞蹈比赛，会发现这个比赛也曾让中国民族民间舞的创作领域结出硕果，北京舞蹈学院的田露教授就是一个代表人物，她在这个过程中创作过为数不少的艺术表现性十分高超的舞蹈作品，像《花儿为什么这样红》《长调》《翠狐》《孔雀飞来》以及《磨》《红珊瑚》《喜鹊衔梅》《我们的花鼓灯》《那一别》《涟涟有鱼》《清风响铃》《老雁》等，都展现了她在创作上的灵气和在艺术上的高度。考察田露的舞蹈创作，可以鲜明地看到，她显然是一位十分有“点子”的艺术家，她在创作中淬炼出的艺术火花发出了可观的光亮，既积淀着她个人十分独特的生活感悟和创作意图，同时也都在艺术表达上成熟而有效。像田露这样的艺术家，其实就是被人称为“有艺术感觉”的那种创作者，看他们的作品，从来都会在艺术的形式感的感悟上有所收获，那些作品的审美结果常常达到常人所无法预知的审美效果，从而极易在观赏认同的相互作用中获得与编导共生的情感共鸣和精神满足。这样的艺术家在艺术上完全是精益求精的，正是这样的态度和心思，让他们的作品可以历经岁月的延宕不断历经考验而获得永生。

求新求异，出其不意，往往是艺术作品获得成功的制胜法宝。国家一级编导邓林在舞剧新作《春天的故事》中，便实践和证明了这一艺术主张。这是一个表现改革开放取得巨大胜利的舞剧作品，如此“实”的表现内容让所有观众都抱着来“看故事”的心理进入剧场的，加之邓林在之前一部舞剧《泥人的事》中呈现出来的超高戏剧性，都增强了观众的这一认同。然而，舞台上呈现出的一幅全新的画卷着实让观众产生不适感，那些新奇的表达和刻意的艺术处理，让观众获得了迥然不同的观赏体验。

“艺术精湛”是对艺术创作活动的一个起码要求，也是艺术家应该时时刻刻不断锤炼自我、不断超越自我的基本素质。业务上的不断感悟和升华是没有尽头的，而优秀的艺术家必将在这个过程中通过自我完善的不断提升而到达成功的彼岸。

（三）“制作精良”是艺术作品自我提升的显性实现途径

近些年来，中国表演艺术产品的制作呈现出越来越精良的趋势，这当然是依托中国国力在经济上的有效进展。这样一个趋势，在国际视野中也是十分醒目的。国家的进步会体现在文艺事业上，而艺术作品的质量离不开在制作上的精良。

制作精良体现在一个艺术作品的方方面面，是对一个作品的全息要求。而就舞蹈或者舞剧创作而言，它本来就是一个集多种艺术形式于一体的形态，这种艺术形式的完善，也体现着所有艺术进步和发展的质量。也就是说，舞蹈作品的成功并不在于舞蹈本身的进展，还相当大程度地体现在音乐、服装、舞台美术等方面的配合。缺乏一个环节的合理契合，整个作品便会受到艺术质量上的影响。因此，特别是在舞剧的制作上，一个优质团队的精心制作，往往是作品的基本保障。

由中国歌剧舞剧院打造的舞剧《李白》，在制作上异常精到，该剧无论是在舞蹈艺术表达上，还是在配乐和服装以及舞美上，均呈现出了上佳的艺术成色。在当下最著名的舞剧男演员胡阳的倾情演绎下，那个唐代的李白“再现”在舞台上，特别是在最后一个场景中，暮色朦胧中，李白伴着《静夜思》的歌声缓缓地融入了月亮之中的那一笔艺术处理，让人潸然泪下，不舍李白就这么离我们而去。那种意境在精良的舞台的氛围中，真切地感动着观众，让人过目难忘。在这里，舞台上的一切都在以最高的配合方式为最终的艺术表现服务，高度融合的艺术美像久旱初逢的甘霖，缓缓浸入人的心田。

所谓“制作精良”，就是舞台上的一切手段都是为了一个整体的艺术目的服务，不能故弄玄虚，更不能东施效颦。有效的手段都是为了能最大限度地作用到观者的接受上，从而让艺术作品发挥其应有的审美效力。

制作精良并不等于铺张浪费，并不是在舞台上“烧钱”，毫无道理地做各种没有必要的烦冗铺陈。而是要为了配合艺术的表达目的而精心、精到、精确、精妙，这一点正是极大考验艺术创作者的艺术功力，也是艺术家们在艺术能力上的最佳体现。

而上述“三精”原则的总和便是成就我们的优质艺术的基石，唯有不断地校准前行的航向，才会让我们的艺术创作达到让党和人民满意的艺术高度。

总之，从高原到高峰是我们艺术创作者们面临的一个历史重任，更是一种不能逃避的社会责任，这其中有着党和人民的召唤和嘱托。从“高原”到“高峰”是没有捷径的，广大艺术家必须通过大量艰苦卓绝的努力跋涉才有可能最终登顶。在这个过程中，自然需要艺术家们自觉进取的精神和热情，并在进取中努力汲取一切养料，默默积累，不断奋进，持之以恒。长此以往，登上高峰的梦想和愿望就一定会成为现实。

（江东　中国艺术研究院研究员）

对当前音乐艺术领域“高峰”创作问题的思考

李宏锋　赵　倩

2014 年 10 月 15 日，中共中央总书记、国家主席、中央军委主席习近平在北京主持召开文艺工作座谈会并发表重要讲话。总书记在讲话中，肯定了改革开放以来我国文艺创作取得的巨大成就，同时也对该领域长期存在的有数量缺质量、有“高原”缺“高峰”的现象，以及抄袭模仿、千篇一律、机械化生产、快餐式消费等问题提出诚恳批评和殷切期望。他指出，文艺不能在市场经济大潮中迷失方向，文艺工作者要志存高远，以自己的艺术个性进行创新，同时要坚持百花齐放、百家争鸣方针，发扬学术民主、艺术民主，营造积极健康、宽松和谐的氛围，推动社会主义文艺事业大繁荣、大发展。这些语重心长的阐述，是对广大文艺工作者的激励，为文艺创作如何发展指明了方向，将成为未来长时段内指导我国文艺工作的重要依据。

习近平总书记《在文艺工作座谈会上讲话》（以下简称《讲话》）发表后，文艺界各领域对照自身查找问题、认真学习、深刻领会、努力实践，尤其在破解有数量缺质量、有“高原”缺“高峰”瓶颈方面积极探索，达成了一定的共识，取得了一定成绩。本文拟聚焦音乐艺术领域，针对当前音乐创作如何从“高原”出“高峰”问题，首先从“高原—高峰”视角对当前音乐艺术创作情况作简要述评，指出问题所在，进而从创作自身定位、现实短板与操作模式、健康文艺生态环境建构等音乐家主体和音乐生态客体两方面展开剖析，论证形成更多当代音乐“高峰”之作的必要条件，以求为当前音乐艺术健康发展提供参考。学识能力所限，文中不足处，敬请方家指正。

一、音乐艺术的“高原”“高峰”定位与现状分析

探讨音乐艺术领域的高原、高峰问题，可从历时和共时两个层面加以梳理。就当前音乐创作而言，高原、高峰作品在共时层面的基本特征，则更具重要的现实指导意义。客观分析音乐创作领域的成就和不足，是展开“高原—高峰”问题对策研究的首要前提。

（一）音乐艺术“高原”“高峰”特征的基本定位

中国音乐文化源远流长，历经几千年大浪淘沙，留下了大批主要以集体方式创作传承的经典之作，其中也有许多高原、高峰之作的优秀代表。五四新文化运动以来，以西洋专业音乐文化为基础的现代“新音乐”迅速崛起，作曲家个体意识不断增强，在音乐艺术创作和传播中的地位不断凸显，随之诞生出一大批与时代脉搏共鸣的作品，塑造出20世纪上半叶音乐艺术的高峰与高原。江文也的管弦乐《台湾舞曲》、冼星海的《黄河大合唱》、马可与张鲁等作曲家合作的歌剧《白毛女》等经典，都是影响至今的时代高峰之作。中华人民共和国成立后，音乐事业继续深化发展，无论是歌曲、独奏器乐、室内乐还是大型合唱、管弦乐、歌剧等领域，都不断有佳作问世，何占豪与陈钢的小提琴协奏曲《梁祝》、李焕之的管弦乐《春节序曲》、朱践耳的管弦乐《黔岭素描》、施光南的歌剧《伤逝》、金湘的歌剧《原野》等，共同代表着20世纪下半叶中国音乐艺术的高峰。

回顾中国专业音乐百年历程，不同阶段的海量音乐作品，共同构筑了时代音乐的地形地貌，形成音乐历史发展中的“高原”乃至“高峰”现象。有研究对文艺创作中“高原”“高峰”现象作基本定位，指出高原现象应具备如下特征：“1. 生态良好。民众有关心文艺创作的习惯、有创作和欣赏文艺作品的风尚与条件、政府有推动文艺创作的政策与机制。2. 人数众多。有一支人数众多的专业创作与批评队伍；有广泛的群众基础，人们在业余时间有创作

文艺作品的兴趣和行动。3.影响较大。创作者及其作品能够深入人心、在较大范围内发生影响。”代表时代的高峰之作，其特征为：“1.震撼力大：所创作的作品能够撼人心扉、发人深省，可以从深层次改变民众生活观念和文艺创作观念，能以强大的精神力量感染民众、引领风尚。2.影响度深。创作者及其作品可以被多数人自愿分享、自觉传颂，在国内外民众中有良好的口碑甚至有较好的经济效益。3.标志性强。创作者及其作品在文艺史上能够标志着某种高度、有较高地位。”①

以上对时代文艺发展高原、高峰特质的总结，一定程度上反映出二者相应作品应达到的水准，以及形成时代文艺高原、高峰现象的必要途径。事实上，历史上高峰音乐作品的形成，均可从历时与共时两个层面考察。一方面，从历时角度讲，任何高峰作品的形成都经历了一个为民众不断认可的“经典化”历程。在这一过程中，优秀作品不断获得社会认可，艺术性、学术性价值不断获得阐释，逐渐显现出其在特定时代的高峰气质。这种优秀作品的经典化建构，是在历史进程中逐渐展开的，需要一定的时间积累和艺术沉淀。另一方面，从共时角度看，具有内在高峰潜质的作品与同时代作品相比，又有其不同一般的艺术创造与美学追求，能够“以强大的精神力量感染民众、引领风尚”，成为一定时期音乐创作某种高度和地位的标识，具有广泛的社会认可度和时代影响力，这是其未来“经典化”后成为高峰作品的内在品质。

从历时与共时两视角看待文艺高峰问题，可使我们对音乐经典的形成有更为清晰的认识。笔者认为，高峰作品的经典化建构，需较长时段的时间洗礼，需要超然于现实的历史审视，其过程不能一蹴而就，也难有现实可预测的艺术定位。正因如此，探讨当前音乐艺术领域的“高原出高峰”问题，更为切实的着眼点在于“高峰”作品的“共时性”特征，进而研讨某些当代创作可能成为“高峰”的必要条件，以及如何优化各方力量为“高峰”创造提

① 王廷信、赵大为等：《推动江苏文艺创作“高原”出“高峰”的对策研究》，《艺术百家》2015年第4期。

供强大支撑和有力保障。这是当前从创作者自身主体到政府、社会、市场等文艺生态客体，所能实际操作与现实提升的可行之途。

（二）“高原—高峰”视角下的当前音乐艺术创作

习近平总书记在《讲话》中对当前文艺创作“有高原，缺高峰”“有数量，缺质量”等现状的批评，既是对广大文艺工作者的鞭策，也是对未来文艺发展方向的重要指示，具有重要的现实意义。事实上，综观当前音乐艺术创作，在国家各类基金、政策的扶植下，各种题材作品层出不穷，数量积累已达到相当规模。然而从共时层面看，这些作品中除了可称为“高峰”的寥寥几个外，是否大多数作品的艺术水准已达到“高原”水平，也是值得认真估量与反思的。

居其宏先生在《我国音乐剧创作高峰高原建设及其当下状况之我见》一文中，充分肯定习总书记有关高原、高峰问题论证的重要性，同时提出了音乐剧创作中的“五级地貌论”——“按地理学上的说法，从高往低看，陆地面貌可分为五级：高峰之下是高原，高原之下是丘陵，丘陵之下是平原，平原之下是盆地”，并以此为基础对当前数量不菲、表面繁华实则“惨淡、严酷”的音乐剧创作现实，给予深入分析和精当批评：“在我看来，中国音乐剧在近些年来推出的作品，若用五级地形地貌做标准来衡量他们的艺术高度，除了少数是‘丘陵’、更少是‘高原’之外，绝大多数都是‘平原’；更有一些剧目，其整体高度则在‘平原’之下，是‘盆地’；而能够被称为‘高峰’的作品，至今尚未出现。”[①] 居其宏先生的“五级地貌”之论，虽然针对音乐剧创作领域而发，但若将其置于整个音乐创作大背景下考察，所谓“丘陵”“平原”乃至“盆地”现象，在当下音乐创作各个领域的数量上依然占绝对优势。

以近年来的歌曲创作为例，作曲家尚德义教授认为，当前我国艺术歌曲创作存在着严重的概念化、雷同化现象，导致的直接后果就是音乐风格单一、

① 居其宏：《我国音乐剧创作高峰高原建设及其当下状况之我见》，《歌剧》2016 年第 2 期。

音乐语言贫乏。比如，歌唱祖国是歌曲创作中的永恒主题之一，近年来此类作品就有《前进中国》《唱响中国》《自豪中国》《和谐中国》《提速中国》《平安中国》《祝福祖国》《感恩祖国》《亲吻祖国》，等等。这些作品尽管名称各异、唱词有别，但其旋律是否能够打动人、整体音响是否具有艺术性、具有震撼心灵的力量、是否能够长久流传成为高原乃至高峰之作，则需要经受大众和时间的严苛检验。[①] 现实的情况是，当前很多表达热爱祖国等共同情感的作品，大多存在歌词空洞、旋律贫乏、风格雷同等问题，少有如施光南的《多情的土地》《我的祖国妈妈》、秦咏诚的《我和我的祖国》、敖昌群的《我爱你，中华》、刘为光的《共和国之恋》等佳作。

器乐创作领域，同质化、概念化、模式化现象，一定程度上已成为阻碍作品艺术水平提升的瓶颈。尤其一些国家艺术基金资助的作品，往往文本写得“漂亮”：选题意义、学术价值、社会价值重大，但从实际演出效果看，有的作品观众听不懂或看不懂，有的音乐形式过于生涩、求新，全曲几乎找不出能够引发听者情感共鸣的要素，大部分是抽象的、“后现代”旋律模式的拼合，对其要表达的思想内涵能更无从体会。其现状，正如有学者对当前文学创作领域问题的批判：“在美学上提供别有洞天之感的作品少，独与天地精神往来的作品就少之又少。当下同质化的生活使得我们的想象也在趋于板结化，整个时代的创造力在钝化，曾经充满希望的田野如今日渐苍茫。”[②] 现实各音乐创作领域中的大量平庸之作，代表的充其量是创作地貌中的“平原”或“丘陵”而已，遑论“高原”与“高峰”?

由习总书记对文艺创作高原、高峰问题的批评引申出的音乐艺术“五级地貌”论，是音乐学家对当前创作问题的冷峻评判和深刻反思，值得重视。发现问题症结所在，才能寻求到有效解决问题的方法。从这种意义上说，“创作主体自身素养提升”和“文艺生态环境优化建设”，是当前音乐创作突破从

---

① 尚德义：《艺术歌曲创作的实践与创新》，《当代音乐》2015 年第 5 期。

② 申霞艳：《2018 年文学盘点：喧哗、滞重、摇摆、前行》，《北京日报》2019 年 1 月 4 日。

“高原”到“高峰”瓶颈的有效途径。

二、提高音乐创作者主体素养是出“高原—高峰”作品的根本动力

音乐理论家郭乃安先生指出：“音乐，作为一种人文现象，创造它的是人，享有它的也是人。音乐的意义、价值皆取决于人。……人是音乐的出发点和归宿。”[①] 对音乐创作领域而言，优秀的“高原”乃至“高峰”作品的出现，首先取决于作曲家创作主体的艺术素养，包括个体创作精神、美学思想和写作技术、创作基础等，主要可划分为“思想”与“技术”两个层面。下面就从这一角度谈谈“高原—高峰”作品创作中，作曲家主体所应具备的基本条件。

（一）紧握时代脉搏，聚焦时代精神，坚持作品“人民性”

习总书记在《讲话》中强调，文艺是时代前进的号角，最能代表一个时代的风貌、引领一个时代的风气。我们党要带领全国各族人民实现“两个一百年”奋斗目标、实现中华民族伟大复兴的中国梦，文艺的作用不可替代。他强调，广大文艺工作者在这一伟大时代进程中大有可为，应该从这样的高度认识文艺的地位和作用，认识自己所担负的历史使命和责任，坚持以人民为中心的创作导向，努力创作更多无愧于时代的优秀作品，弘扬中国精神、凝聚中国力量，鼓舞全国各族人民朝气蓬勃地迈向未来。

习总书记的讲话高屋建瓴，道出了新时代文艺工作者应有的精神风貌和社会担当。音乐创作者，一方面应该紧握时代脉搏、聚焦时代精神，自觉投身伟大的时代洪流，以社会主义核心价值观为引领，与时代同呼吸、共命运。正如习总书记在《讲话》中强调：“广大文艺工作者要高扬社会主义核心价值

① 郭乃安：《音乐学，请把目光投向人》，《中国音乐学》2017 年第 1 期。

观的旗帜，充分认识肩上的责任，把社会主义核心价值观生动活泼、活灵活现地体现在文艺创作之中，用栩栩如生的作品形象告诉人们什么是应该肯定和赞扬的，什么是必须反对和否定的，做到春风化雨、润物无声。”

另一方面，作曲家也要时刻提醒自己要坚持“人民性”，坚持以人为中心的创作导向，牢固树立“为人民”的创作标准，以志存高远的艺术理念引领创作，以是否满足广大民众的精神文化需求，作为音乐创作的重要评价标准。习总书记《讲话》中指出，不能在为什么人的问题上发生偏差，否则文艺就没有生命力。“人民是文艺创作的源头活水，一旦离开人民，文艺就会变成无根的浮萍、无病的呻吟、无魂的躯壳。……人民生活中本来就存在着文学艺术原料的矿藏，人民生活是一切文学艺术取之不尽、用之不竭的创作源泉”。问渠哪得清如许，为有源头活水来。“时代精神——人民命运——个人情感”，这几乎是任何时代优秀音乐作品都具备的品质，也是作曲家在推出时代“高原”乃至“高峰”作品中有所作为的自律准则。

以“高原”“高峰”标准衡量当前音乐创作，最为严重的问题就是，创作者被诸多外在于创作的因素所干预。例如，单纯为了迎合某些官方意志或完成某项任务，许多创作项目仓促上马，不是“为了人民”而是“为了指示”“为了红包”写作。这类作品虽然形式繁复、结构庞大，内涵却十分空洞，缺乏感人至深的形式美和激动人心的情节，思想性匮乏，现实意义不足，以致观众普遍反映内容平平甚至不知所云。习近平总书记指出，要“把跨越时空、超越国度、富有永恒魅力、具有当代价值的文化精神弘扬起来，把继承优秀传统文化又弘扬时代精神、立足本国又面向世界的当代中国文化创新成果传播出去”。这是作曲家应该秉承的正确方向，需要创作者以高扬的主体精神、不掺杂任何利益目的的态度进行创作。一旦掺杂了“扬名立万”或“一切向钱”等杂念，不仅营造音乐艺术的高峰不易，就连丘陵恐怕也难以保障了。创作者如不能摒弃功利主义思想，便难以进入艺术创作的自由世界，而这恰恰是推出“高峰”作品的必备条件。

从“高原”作品出“高峰”经典，除创作中摆脱外在功利羁绊外，创作者自身思想意识也需要不断提升。我们强调创作中“紧握时代脉搏，聚焦时代精神”，强调将“人民性”作为作品生命力之源，并非简单地以“主旋律”单一主题限定作曲家思维，或片面地去追求所谓宏大叙事，这种做法只能导致作品乏味，失去艺术生命力。艺术精品之所以“精”，乃在于其思想精深、艺术精湛、制作精良。其中的思想精深，绝非简单套用公式、概念搞“假、大、空”，而是需要创作者有使命感和责任感，有反映时代强音的勇气和动力，对于社会表层下的民众生活理念和深层精神诉求有深刻体验。作曲家不能将主旋律理解得太窄，强调作品的时代精神与凸显创作主体的个人情感，两者间并非不可调和的矛盾，而是对立统一于一部优秀作品之中。

要正确认识创作主体意志与“主旋律”写作之间的关系。艺术家不能在后者面前失去自身存在的价值。恰恰相反，高扬创作者个体意识正是成就作品时代性的重要前提。“真正的推进在于个性化的创造——即使微小的独创也比声势浩大的人云亦云更有价值”。[①] 往往时代性越强、历史感越厚重的作品，越需要较高的艺术性，越需要作曲家深入的情感投入和智慧才华。现实题材创作要融入当代思考，融入自我情感意识，深刻把握生活和音乐关系，从个体情感视角凸显时代主题，克服“感受多、感悟少，共性多、个性少，写得多、唱（奏）得少”（张千一语）[②] 的通病。以近年来艺术歌曲创作为例，“很多艺术歌曲的内容存在‘假、大、空’现象，这种作品没有反映生活，或者没有反映出生活的真实。这类作品是不能感动听众的，也不能在乐坛长久流传。我们在选材的时候就要注意题材与生活的联系，避免在创作上出现概念化。如果作曲家对生活或社会没有深刻的情感体验，那么他是不可能写出有思想性、艺术性、能够被观众欢迎且能够长久流传的艺术歌曲”。[③] 当前音乐创作中的这些经验教训，值得我们认真反思、总结。

① 南帆：《冲突的文学》，江苏大学出版社 2010 年版，第 167 页。

② 张千一在“中国音协新时代歌曲创作座谈会”上的发言，江苏省作家协会网站：http://www.jssyyjxh.com/detail.html?id=2049，2018 年 4 月 9 日。

③ 尚德义：《艺术歌曲创作的实践与创新》，《当代音乐》2015 年第 5 期。

（二）扎根人民生活，立足民族传统，追求形式创新

一部作品要想成为经典，成为一个时代的高峰，必须有其民族传统文化之根，这几乎是当今所有文艺工作者的共识，所谓“欲求木之长者，必固其根本；欲流之远者，必浚其泉源”（魏徵《谏太宗十思疏》）。关于民族传统文化的价值，习近平总书记进一步阐述：“优秀传统文化是一个国家、一个民族传承和发展的根本，如果丢掉了，就割断了精神命脉。”“中华优秀传统文化是中华民族的精神命脉，是涵养社会主义核心价值观的重要源泉，也是我们在世界文化激荡中站稳脚跟的坚实根基。增强文化自觉和文化自信，是坚定道路自信、理论自信、制度自信的题中应有之义。”中国音乐文化拥有八九千年的光辉历史，数千年丰厚的文化积淀，使民歌、歌舞音乐、曲艺音乐、戏曲音乐、民族器乐等各领域，都为当今作曲家提供了取之不尽，用之不竭的创造源泉。从音乐构成的素材（主题）选择方面讲，扎根田野、立足传统无疑是作曲家必备的基本功，高峰经典应该是民族音乐土壤中滋养出的绚烂之花。

在扎根人民生活的广阔田野，立足民族音乐的优秀基础，追求形式创新，开创时代新声方面，大批作曲家积极探索，取得了不少令人瞩目的成果。以被西方评论界誉为“最具东方色彩和中国风格的作曲家”的赵季平先生的创作为例，无论是家喻户晓的《红高粱》《大红灯笼高高挂》《霸王别姬》等影视音乐，还是管子协奏曲《丝绸之路幻想组曲》、室内乐《关山月》、民族交响乐组曲《丝路粤韵》《第一小提琴协奏曲》等严肃音乐创作，无不体现着挖掘民族音乐元素，在作曲家建构“高原—高峰”作品中的意义和价值。诚如赵季平先生所说：“文化自信说到根儿上是爱自己的东西”；“十八大以后，尤其是习近平总书记在文艺工作座谈会上发表重要讲话以后，我的创作力度还是比较大的。2014 年以后我到南海，带着团队写了以海上丝绸之路为主题的民族交响乐组曲《丝路粤韵》，共七个乐章，引起较大反响。不仅在国内，而且

到美国和海上丝绸之路沿线的一些国家去演出。”[①] 让中国音乐走向世界，让世界认识中国音乐，是当代高原、高峰作品应当具备的优秀品质和必然追求。

历史上的成功之作，几乎都离不开作者脚下的田野，离不开他所属的文化传统。要从传统和田野中，找到自己情感的触动点，找到支撑作品结构与形式的音乐元素，使作品成为有源之水有本之木。中国艺术研究院音乐研究所老所长、音乐学家黄翔鹏先生早年曾指出：“（中华民族）文化传统的底子极厚，轻视它，或仅把它当作‘已死的’事物都是不对的。‘文化遗产进入新的历史时期，一旦遇上点燃发火的引信，都可成为沸腾着的，各个层次在运动中搅杂、翻滚、渗透、穿插，可在激荡状态下产生新的升华，达到新的高度的一种事物。’[②]……中华民族又是一个‘道’‘器’并重的、务实的民族。……‘器’的背后，原有许多民族传统的思维特点、风格、气派在。它们曾经是、将来也必然是炎黄民族的无价之宝。”[③]

当前音乐创作中缺乏民族文化自觉的现象仍有存在，不重视中国传统文化资源，实际已成为制约优秀作品诞生的障碍。尽管这些年产生了不少优秀的植根和体现传统文化及其价值观的作品，如“一带一路”题材的器乐作品、民族器乐剧《又见国乐》《玄奘西行》、舞剧《沙湾往事》、民族歌剧《松毛岭之恋》等，但从目前整体创作看，能够真正认识到中国传统音乐价值、躬身人民生活实践并有重要成果的创作者还不是很多。一些创作者不能或不愿正视传统音乐价值，认为它旋律简单、结构单一、缺乏思想性，是“呕哑嘲哳”的乡野之音，由此也就不愿深入探寻传统音乐的独特“元素”“文法”“韵味”“意境”，及其实现“创造性转化和创新型发展”的有效途径。比如，在民族器乐作品创作中一味追求“交响性”，不仅不能展示民族乐器独特“润

---

① 赵季平：《“一手”伸向民间，“一手”伸向世界》，《中国艺术报》2018年12月11日，http://h5.newaircloud.com/news_detail?newsid=5604996_zgysb&from=timeline。

② 黄翔鹏：《律学史上的伟大成就及其思想启示》，《音乐研究》1984年第4期。

③ 黄翔鹏：《中国人的思路、风格和气派》，载王俊义、黄爱华编《炎黄文化与民族精神》，中国人民大学出版社1993年版，第11页。

腔”的韵味，不能呈现中国传统文化对“意境”的追求，而且极易形成杂乱、聒噪的听觉印象，影响观众对传统音乐原有美感的认知体验。

如要改变这样的状况，创作者应该转变意识，要向人民虚心学习，向中国传统音乐虚心学习，充分认识其艺术特色和价值，将其“化”于自己的创作中；要向前辈作曲家虚心学习，如李焕之先生“对民族风格、华夏神韵、中国特色孜孜不倦的追求……这一特点似乎已经积淀为一种信念并升华为一种艺术理想，始终如一地贯穿在他创作生涯的所有时期和作品体裁的所有类型之中”[①]；还应向亚洲其他国家同行学习，学习他们对待自己传统文化的态度，努力使自己作品摆脱“既不像中国作品，更不像外国作品”的尴尬局面，使之真正描写中国人民的生活、表达中国人民的情感，引发国人的共鸣和认同，立足高原、勇攀高峰。

此外，我们强调作曲家要向传统音乐学习，并非以传统限定创作素材、束缚创作思维，而是为作品形式创新找到赖以遗存的“魂”。当下音乐创作中，内容、形式、情感表达方式单一，缺乏新鲜语汇甚至雷同，形式上追求高大上，追求艰涩、古怪、复杂的技术堆砌，缺乏鲜明主题引领等诸种弊端，都与疏离传统有很大关系。我们主张的学习传统从来不与形式创新相违背，相反，立足传统也能成为形式创新的重要来源。鲁迅先生在《且介亭杂文集》中所说“只有民族的，才是世界的”，并非意味着凡是民族的就是世界的。民族化音乐素材和语言进入创作领域，只有经历合于作品新形式的提升过程，使之具备“世界性”特质，所谓“创造性转化、创新性发展”，才能成为走向世界的经典。从这一点而言，形式创新在经典作品塑造过程中，同样有着不可替代的价值。优秀艺术作品是“有意味的形式”的体现，音乐创作要想做到使音响形式“有意味”，需要作曲家不断开拓、不断创新。“任何一个具体的文学艺术作品，在当代全球化的文化语境中，既有全球化的烙印，也必然

① 居其宏：《创造使人生之树常青——从“李焕之作品音乐会”说开去》，《人民音乐》1999年第8期。

有本土化根基”。[①] 言之不文，行之不远。本土素材（文法）要与形式创新相辅相成，统一于特定创作美学观念之下，共同担负塑造经典的任务。

三、营造良好音乐生态是出“高原—高峰”作品的必要条件

如果说音乐创作者思想和技术层面主体素养的提升，是推出“高原—高峰”作品的根本动力，那么存在于创作者外围的良好音乐文化生态，则是“高原”出“高峰”作品的必要条件，良好运转的社会音乐文化生态，能够为创作者提供更为优越和宽松的创作环境，反之，则会成为音乐精品创作的阻碍和绊脚石。从社会文化构成方面看，构建当代社会良好的音乐文化生态，可从以下几方面着眼。

（一）努力建构现代文化市场体系

习近平总书记在《讲话》中指出：“要把满足人民精神文化需求作为文艺和文艺工作的出发点和落脚点。……文学、戏剧、电影、电视、音乐、舞蹈、美术、摄影、书法、曲艺、杂技以及民间文艺、群众文艺等各领域都要跟上时代发展、把握人民需求，以充沛的激情、生动的笔触、优美的旋律、感人的形象创作生产出人民喜闻乐见的优秀作品，让人民精神文化生活不断迈上新台阶。”要实现习总书记提出的高标准要求，进一步满足人民群众多样化的文化消费需求，首要条件就是：尽可能加大市场在文化资源配置方面的作用，启动市场在音乐创作中的调节机制；政府文化部门要对自身职能重新定位，尽可能减少对文化生产的干预。减少行政化干预、加强市场化调节，对于满足人民群众日益增长的多样化的文化消费需求至关重要，也是当代音乐创作最大限度激发原创动力，实现从“量”的扩张到“质”的提升，进而推出高

① 冯宪光等：《全球化文化语境中的中西文艺美学比较研究》（上册），四川出版集团巴蜀书社 2011 年版，第 66 页。

原、高峰之作的必然要求。

对于如何构建现代文化市场体系，为优秀作品保驾护航，习总书记在《讲话》中已有论断。他指出：“文艺不能当市场的奴隶，不要沾满了铜臭气。优秀的文艺作品，最好是既能在思想上、艺术上取得成功，又能在市场上受到欢迎。要坚守文艺的审美理想、保持文艺的独立价值，合理设置反映市场接受程度的发行量、收视率、点击率、票房收入等量化指标，既不能忽视和否定这些指标，又不能把这些指标绝对化，被市场牵着鼻子走。”这里既强调了市场对文艺创作的基础配置意义，同时也突出强调“文艺不能成为市场的奴隶”，不能被发行量、收视率等量化指标所制约。音乐创作者只有“坚守文艺的审美理想、保持文艺的独立价值”，真正成为市场的主人、成为创作中自我思想的主人，才能最大限度地激发艺术家原创动力，为经典作品创作提供适度宽松的社会文化环境。

优化社会资源配置，激发创作者原动力，根本举措就在于建立现代文化市场体系。中国社会科学院文化研究中心常务副主任张晓明认为，艺术家要获得更为优化的资源配置，成为自己思想的主人，一个重要前提就是“现代文化市场体系”的建立。在这种分散配置的模式下，“每个艺术家都有许多资源提供者，可能是市场经济条件下资助选择的消费者，也可能是市场经济条件下多元化的非营利赞助机构，这是市场经济，这种体制下艺术家有分散化资源的竞争性提供者，他们必然获得创作的独立性，必将专注于自己的创作。只有建立起健全的现代文化市场体系，才能使得文艺创作不成为市场的奴隶”。[1] 这种相对完善的文化资源配置系统，有赖于政府文化部门的引领、建设和大力扶植。政府文化部门有责任、有义务担当重任，为创造现代文化市场体系，实现经济效益和社会效益有机统一付出努力。

---

① 张晓明：《建立现代文化市场体系，让文艺工作者成为自己思想的主人》，载《文艺新象：如何从“高原”走向“高峰”——人民论坛文艺工作者座谈会观点摘要》，《人民论坛》2015 年第 10 期。

实现音乐创作的经济效益和社会效益相统一，除了发挥市场在资源配置中的基础作用外，同样要求政府在文化政策上有所突破，应该建立健全对艺术的保护机制，充分保护艺术的原创力和生产力。有学者指出，建立市场经济条件下的艺术生产力保护机制，是确保艺术想象力的必要手段，也是创作从高原出高峰的重要制度保障。“保护艺术的生产力，可以分为‘事业’和‘产业’两部分。在艺术创作上，我们有一部分是可以放入市场的，这一部分由文化企业来承担；有一部分应该在市场条件下给予保护，但又不完全是事业单位，这一块由非营利组织来完成。落实到文艺上，就是文化的非营利组织。艺术生产力是靠人、靠艺术创作，而文化非营利组织可以在市场经济的条件下建构起特定艺术的保护机制，解决艺术的多元性的问题。……保护艺术旨在凸显艺术的卓越性，待艺术成熟之后，可以放到市场上。这样，艺术就从产品跨越为商品，这一商品就带动了民族和国家的创造力，最终传播的是主流的价值观，社会效益和经济效益得到完美的统一”。[①] 近年来国外音乐市场不乏成功案例，如音乐剧《猫》《大河之舞》等，都是在市场经济中不断锤炼最终成为经典之作的，最终实现了社会效益和经济效益的统一。

（二）探索音乐创作的多种合作形式

音乐作为一种表演艺术、听觉艺术，不同于美术等造型艺术、视觉艺术，它是在时间流动中展现的。正由于音乐艺术的这一呈现特点，对于作曲家创作而言，小到一首歌曲、大到一部交响乐，仅仅完成谱面上乐谱的书写（所谓一度创作），音乐的创作过程还远未终结。接下来的二度创作中，需要指挥家、歌唱家、演奏家等从个体到团体的紧密配合，共同完成作品演绎以致推出经典的过程。从理论上讲，一度创作与二度创作并不能截然分开，而是相互交织、相互影响。往往作曲家的蓝图在演奏实践中，必然获得进一步修改

① 范玉刚：《文艺不能做政治的附庸，要有独立的空间》，载《文艺新象：如何从“高原”走向“高峰”——人民论坛文艺工作者座谈会观点摘要》，《人民论坛》2015 年第 10 期。

完善，使作品的艺术水平不断提升，最终成为一部具有较高质量的作品。一部优秀作品的诞生如此，一位优秀作曲家的培养，同样需要二度创作实践的积累，这就需要高校、院团、政府文化部门等积极配合，为优秀作曲家的培养创造有利条件。

鉴于音乐艺术二度创作的地位，探索音乐创作中的多种合作形式，包括个人与院团、社会、财团、基金会等的合作，使音乐创作能够在“谱本写作”和“演出实践”间搭建起有效的沟通桥梁，对于高原、高峰类经典作品创作具有重要意义；尤其对于管弦乐、交响乐、歌剧等大型音乐作品而言，其意义更为凸显。以此反观现实音乐创作模式，仍存在许多有待改进的地方。例如，21 世纪以来，全国各地为繁荣包括交响乐在内的严肃音乐发展，兴建了许多现代化剧场，成立了近百支交响乐团。一方面，这些乐团要演奏新作品需要花巨资委约；另一方面，大部分作曲家开音乐会也要斥巨资请乐团。这种个体创作与演出市场不对等的情况，极大地制约了优秀作品的演出机会，限制了优秀创作人才在实践中不断磨炼、提升的机会，对大型音乐作品的创作乃至经典高峰作品的出现都是不利的。

针对这一现象，作曲家、中国音乐学院施万春教授呼吁，应在各乐团恢复创作组制度。他说：“我认为泱泱大国，繁荣交响乐事业不能只看交响乐团成立的多少，也不能只看演奏外国作品的水准如何，关键还是要看有没有像样的中国人自己的作品，而要有像样的作品，就要有自己的作曲家！我们应该知道，培养一个交响乐作曲家远不是学校可以单独完成的，乐团应该成为造就作曲家的第二母校。拿本人来说，中央音乐学院作曲系毕业后，有幸先后在中央芭蕾舞剧团和中央乐团从事创作 20 年。和乐队零距离的接触，对我创作的成长起着决定性的作用，中央芭蕾舞剧团和中央乐团就是我的第二母校。然而现在的作曲学生几乎没有这样的条件，没有哪个乐团来收容他们。

为此，我曾在交响乐高峰论坛上进行过呼吁，呼吁各乐团恢复创作组制度。”[①]

就音乐体裁形式而言，大型作品是音乐史上具有高峰品质作品的突出代表，施万春先生基于自身艺术经验，对当前交响乐等大型音乐创作机制的建议值得重视。音乐创作领域的当务之急，是实现从“量”的扩张向“质”的提升转变。这其中，音乐家在什么样的社会环境下，在怎样的音乐生态和文化资源配置下，才能更大程度激发自身原创力？如何整合社会各方资源，调整不适应时代发展的僵化体制，进而为作曲家创造更有利的条件，鼓励原创、支持精品、实现“高原出高峰”，可能更是社会生态体系的重要部分——政府文化管理部门面临和解决的核心问题。

（三）倡导有深度、有立场的音乐批评

任何经典的形成，都是不断打磨、不断完善的结果。音乐作品诞生后，一方面要接受市场、社会的检验，另一方面也要接受业内专家的批评。要不断完善音乐作品和演出的评价机制，严把质量关，以有深度、有立场的评论参与和影响创作与演出，形成良好音乐艺术生态，促进当代音乐创作不断推出高原、高峰作品，实现音乐艺术对大众审美和价值观的建构和引领。在经典作品的历史建构中，评论家深有见地的把关批评，对于塑造时代文艺精品是有积极意义的。

引入外在评价机制为音乐创作把关，可从政府机构和评论者个体两方面考察。政府机构层面，文化部门应组织设立权威评论机构，针对不同音乐体裁创作设立适当评价指标，完善音乐创作评价体系建设，以此引领音乐创作方向、把关音乐创作质量。中国国家话剧院党委书记景小勇同样指出，作为创作组织单位的文化和旅游部，“应该加快文艺评价体系建设，引导艺术创作的价值取向；应研究制定艺术创作的规划，加大统筹协调力度，提高艺术的

---

① 施万春：《现代主义不应成为学院作曲教学的主流——首届“中国之声”作曲比赛引发的思考》，《人民音乐》2013 年第 5 期。

组织化程度；应深化国家艺术基金管理制度、资助体系和运行体制建设；等等”[①]。例如，对于音乐剧这种大众形式而言，可将公演场次、票房收入、上座率、衍生产品收入、投入产出比等客观数据，作为评价音乐剧整体高下的标准之一。对于交响乐、管弦乐等受众面相对较小的严肃音乐作品，则需更多考虑其艺术性、学术性而拟定评价标准。

个体音乐评论方面，本领域内的专家学者应真正担负起“音乐批评”的职责，直面问题所在，不文过，不饰非，切实为作曲家查找不足、帮助提高。总体而言，当前有价值、有深度的、带有批判性的音乐评论还是比较缺乏的，许多评论大多无关痛痒，或者干脆就是开门见山式的吹捧，完全丧失了评论主体的个人立场，成了某些受益者的代言人。居其宏先生曾撰文指出当前音乐剧评论现状，值得深思：“如果我们到互联网上搜一搜，翻开从中央到地方的报刊看一看，某些剧组制作人和主创团队的自我宣传、娱乐记者和剧评人的报道评论必会铺天盖地呼啸而来，一色的颂歌、赞歌洋洋乎盈耳，并且几乎都是单旋律的大齐唱——在文稿中，时而会听到诸如‘凸现中国本土音乐剧的个性化魅力和旺盛生命力’‘经典’‘大师’‘杰作’‘世界性审美’‘中国音乐剧教父’之类顶级词汇的高频出现并把我们的耳鼓震得嗡嗡作响。”[②] 真正有立场、有深度、有价值的音乐评论，是音乐创作高原出“高峰”的必要环节，也是健康向上的文艺生态不可或缺的必要条件。

居其宏先生在《我国音乐剧创作高峰高原建设及其当下状况之我见》一文中，曾对我国音乐剧创作提出对策建议。依笔者看，其中所涉诸多问题，对于当下音乐创作亦有普遍意义。我们认为，中国音乐创作要实现更多的“高原”出“高峰”之作，“要达到打造经典、培育大事的艺术使命，应是长期积累、苦心孤诣的必然结果，休想一蹴而就；为今之计，跃出‘盆地’，踏

① 景小勇：《“国家队”应将“深入生活，扎根人民”常态化》，载《文艺新象：如何从“高原”走向“高峰”——人民论坛文艺工作者座谈会观点摘要》，《人民论坛》2015 年第 10 期。

② 居其宏：《我国音乐剧创作高峰高原建设及其当下状况之我见》，《歌剧》2016 年第 2 期。

上‘高原’，发起一场‘造山运动’乃是第一要务，先造出大片‘丘陵’来，然后以此为基础，再奋力造‘高原’、立志创‘高峰’，方是脚踏实地的明智之举”。[①] 从国家文化主管部门到各级文化单位，要树立起建构现代文化市场体系的理念，努力为音乐创作营造良好生态环境；创作者主体则要紧握时代脉搏，与时代精神同呼吸共命运，扎根民族传统，勇于形式创新，以高扬主体意识的优秀作品反映时代风貌。内因、外因互为表里、综合作用，最终形成强大合力，推动中国音乐的“高原”“高峰”建设不断前进，使更多中国作品跻身世界民族艺术之林，为中华音乐文化的伟大复兴做出自身应有贡献。

（李宏锋　中国艺术研究院研究员；赵倩　中国艺术研究院副研究员）

① 居其宏：《我国音乐剧创作高峰高原建设及其当下状况之我见》，《歌剧》2016 年第 2 期。

中国现代建筑艺术设计与创作百年变革

崔　勇

一、引言

明代学者阮元说“学术当以百年论升降”。从 20 世纪初至 21 世纪初中国现代建筑艺术设计与创作对其予以论述是时候了。检阅中外现代建筑的理论与实践的过程中，无论是研读意大利建筑史学家本奈沃洛的《西方现代建筑史》、清华大学建筑史学家吴焕加教授的《20 世纪西方建筑史》，还是美籍华人王受之教授的《世界现代建筑史》，[①] 感觉西方建筑艺术发展的风格变迁以及内在的建筑设计思想先后传承均能诉诸人以清晰脉络——从 20 世纪初转型时期的折中主义建筑到现代主义建筑乃至后现代主义建筑演变秩序井然。相对而言，在国内学术期刊上我们能够见到的有关中国现代建筑艺术研究的论述

---

① ［意］L. 本奈沃洛：《西方现代建筑史》，邹德侬、巴竹师、高军等译，天津科学技术出版社 1996 年版。吴焕加：《20 世纪西方建筑史》，河南科学技术出版社 1998 年版。王受之：《世界现代建筑史》，中国建筑工业出版社 1999 年版。这三本建筑史书，前两者专述 20 世纪西方现代建筑史的发展历程。所不同的是前者为西方学者所作，后者为中国学者所作。《世界现代建筑史》则是美籍华人眼中 20 世纪世界建筑史的历程。这三部有关 20 世纪西方现代建筑风格与设计思想发展历程的专著纵横捭阖、独树一帜，与罗小未教授主编的作为统编教材的《外国近现代建筑史》相比，无论是在内容涵盖面上，还是史论结合论述的深度、广度，都更富有历史厚重感，是研究 20 世纪现代建筑设计思想衍变的重要学术参考。

多半侧重于建筑外在风格与历史源流等方面的描述，而对于中国现代建筑艺术设计思想发展变化论述触及不多。事实上建筑艺术设计思想及其表达方式演变最能显示建筑诚于中形于外的因果，这比表面化的风格演变更能反映建筑发展的本质意义。诚如建筑史学家彼得·柯林斯所言“将建筑作为最终产品来强调其意义，这是完全正确的。他们主要考虑建筑本身外观如何，怎样建造的以及满足其目的之效果如何。但是创造这些建筑物的建筑师们不得不同样去考虑到更富于哲理的问题：诸如为什么任何人必须选定这种形式、材料或体系而不是其他的。这我们可以称为他的建筑思想所支配的一个辩证过程”。[①]20 世纪中国现代建筑艺术发展变化的历程已成历史事实，我们可以客观、理性、科学地辨析其建筑设计思想变化历程以作为后人的教益，20 世纪中国现代建筑发展历程中建筑设计思想在冲突与交融演变中经验教训更值得深思。

二、从 20 世纪初建筑艺术的先驱到 20 世纪 80 年代建筑艺术的先锋

西方现代建筑奠基人之一赖特的有机建筑论设计思想不仅吸收了中国古代哲学家老子的有无道德观以及自然生态观，更直接地继承了西方建筑学先辈传导给他的生物学和进化论的哲理思想，才有了沉浸于大自然怀抱中人为环境与自然环境融合的流水别墅之类的活物性的建筑产生，诉诸人建筑与大自然共生的环境伦理品格。柯布西耶的建筑设计思想则导源于当时比拟于机械论（如飞机、汽车、轮船）的设计理念，因此而视建筑为“居住的机器”。这种设计思想回应工业革命标准化潮流使建筑得以批量生产，但也带来始料不及的后果，那就是建筑物常被当作一个孤立的对象来处理，被任意地放到风景区或城市之中，而不被当作它所处的文化生态环境的合理部分，诉诸人

① ［英］彼得·柯林斯：《现代建筑设计思想的演变：1750—1950 年》，英若聪译，南舜薰校，中国建筑工业出版社 1987 年版，第 10 页。

的印象是抽象的无情的冷漠的方盒子式的建筑充塞于天地之间，同时与历史文脉绝缘。赖特的有机建筑论特别强调环境的重要性，他很清楚所有活的有机体均依赖环境而生成，且自身构成也影响附近其他有机体的衍生。“居住的机器”论则并不为明确的地点而设计，也不是以彼此关联的空间协调的观点而设计，而正是这些无疑助长了将每座建筑物只当作突兀的孤立的东西来设计的倾向，与历史环境总是格格不入。不难发现西方建筑任何一种风格与潮流都是一定的建筑哲理或建筑美学思想引导的结果，20 世纪七八十年代以后的西方各种各样的建筑流派与风格更是各种哲学思想影响的结果，后现代主义、结构主义、解构主义、新殖民主义、新古典主义、新现代主义等莫不如是。因此个人的哲学思想、审美观念凸显在建筑构成的实施上就使得建筑个性突出成为现实，从威廉・莫里斯到格罗皮乌斯，从文丘里到查理斯・詹克斯，再到艾森曼，均是一幕幕活写真。

相形之下，20 世纪中国现代建筑设计思想变化历程在东方的历史语境下显出异样风采。

《中国建筑》与《建筑月刊》是中国 20 世纪 30 年代仅有的两份综合性建筑学术刊物，也是 20 世纪上半叶中国现代建筑史研究的重要资料来源。这两份刊物均创刊于 1932 年 11 月，至 1937 年 4 月，由于抗日战争的爆发而停止刊行[①]，两刊各出版 54 期。《中国建筑》由中国建筑师学会主办，旨在“融合东西建筑学之特长，以发扬中国建筑物固有之色彩”；《建筑月刊》由上海市建筑协会主办，主张“以科学方法改善建筑途径，谋固有国粹之亢进，以科学器械改良国货材料，塞舶来货品之漏卮；提高同业知识，促进建筑之新途径；奖励专门著述，互谋建筑之新发明”。《中国建筑》与《建筑月刊》均注重介绍现代建筑方案和作品、发表建筑师有关现代建筑的主张、报道各种现代建筑的活动，并推荐各种现代建筑的新材料、新技术、新工艺、新设备，为积极地推动现代建筑在 20 世纪中国的发展做出了应有的历史贡献。

① 崔勇：《中国营造学社研究》，东南大学出版社 2004 年版，第 159—162 页。

与此同时，《时事新报》及《申报》同样作为上海的两份地方重要刊物，除了刊载国内的建筑消息外，还介绍国外各种标新立异的建筑现象，而且也刊登许多介绍现代主义建筑理论的文章和译著。《时事新报》1931年2月10日刊登了美国著名建筑师F. L. 赖特和他设计的日本东京帝国旅馆的模型照片；1933年4月刊登了柯布西耶著、卢毓骏译的《建筑的新曙光》的文章；并先后介绍纽约当时世界最高的恩派亚大厦（纽约帝国大厦，85层，1046尺高）、芝加哥摩天楼新报房屋、纽约人寿保险公司新屋、莫斯科新建旅行大厦，等等。《申报》先后发表《论万国式建筑》《论现代建筑和室内布置》《机械时代中建筑的新趋势》《论现代化建筑》等论文与译文。这些有关现代主义建筑大师介绍的论著及国外最新现代主义建筑作品的及时报道，对现代主义建筑观念的译介以及对中国现代建筑活动的评析无疑有力地推动了中国现代建筑发展，可谓是中国现代建筑思想先驱者的言行在20世纪30年代的标志。

尤其难能可贵的是，《新建筑》作为广东省立勷勤大学建筑系学生创办的一份学生刊物，于1936年创刊，中途因故而短暂停刊之后又于1941年在重庆复刊，前后虽然仅出版了有限的若干期，迄今为止仅保存了其中部分期刊，但从这几期刊物中仍可看出它反对复古主义、倡导现代主义建筑的理念，并旗帜鲜明地提出“反抗现存因袭的建筑样式，创造适合于机能性、目的性的新建筑”。1941年《新建筑》第1期上刊登了霍然的长篇论文《国际建筑与民族形式：论新中国新建筑底“型”的建立》，文章论述了现代建筑特征，指出“国际建筑的‘型’不是样式问题，而是基于新构造方法与新材料使用，新建筑构成的原理之适应”。这可以说是20世纪有关中国现代建筑的檄文。1941年《新建筑》杂志第2期刊登编辑顾问、勷勤大学建筑系主任林克明的文章《国际新建筑会议十周年纪念感言》。文中对现代主义建筑在当时尚未得到与西方国家一样迅速发展的状况深表忧虑，前瞻性地意识到“过去的十年间建筑事业略算全盛时代，但提倡新建筑运动的人寥寥无几，所以新建筑的曙光，自国际新建筑会议后已成一日千里，几遍于全世界，而我国仍无相继响应，以至国际新建筑的趋势适应于近代工商业所需的建筑方式，亦几无人过问，其影响于学术前途实在是很重大的”。[①]

20 世纪 30 年代中国学术界《中国建筑》《建筑月刊》《新建筑》等刊物的发行，在当时很可能显得并不显要，影响也小，但今天我们从历史的角度审视它们，它们为推进中国现代建筑发展所做的努力显示重要思想价值意义，是中国现代建筑发展历程中的先驱者声调。

早在 20 世纪 20 年代中国现代建筑设计思想及其实践过程中，建筑界已经意识到重视现代建筑设计思想与表达方式，是因为建筑的发展应当明确地反映了社会政治经济文化历史状况。在中国现代建筑萌芽的初始阶段，众多的建筑师选择如何在传统的基础上表达现代化的社会发展趋势，这种随处可见的现象也许对于建筑师来说是自然的选择，但对于世界来说，这是种历史性的创新尝试。在这些尝试中，最为突出的是那些在外国租界里设计建成的建筑，起初的设计思想与表达方式是西方化的。设计师几乎无暇顾及地方传统，仅能体现当下建筑设计与建造的模式。这样的创作尽管在一定程度上诉诸人以富有时代气息的现代感，特别是在城市规划与更新的策略决策中体现科学理性的原则，但是它们在更大程度上依然迎合了西方建筑现代化的发展趋势，与中国的情形不相符。而中国传统建筑形式已经不能满足各种不同使用功能的现代社会生活需求，如城市中的学院机构、商场、旅馆、工商企事业以及住宅等。特别是上海及日本占领的长春和英国殖民统治下的中国香港等城市，由于外国建筑势力的介入，市场与商业因素对城市发展与现代化的压力，客观地使这些城市引领了中国现代化建筑的发展。

20 世纪三四十年代，在中国倡导西方复古主义建筑并付诸实践的大多数是外国建筑师，他们的建筑设计作品多半都有一个鲜明的新古典主义风格的

① 遗憾的是，《中国建筑》《建筑月刊》《新建筑》等刊物对现代建筑的探索因抗日战争而不得不中断，错过了将中国建筑推向现代化道路的良机，这一探索的进程直到 20 世纪八九十年代才在新历史时期衔接上。

立面，并在建筑中心部位主要房间外连接一个两层楼通高的柱廊，整栋建筑的结构以及窗口四周的细部装饰、基座的毛石装饰，为了突出立面柱廊而刻意退后的顶层都成为这一类风格建筑的标志。譬如英国马海洋行设计的上海总会、思九生设计的怡和银行、上海公和洋行设计的有利银行大厦和上海海关大楼等。以陆谦受、贝寿同和关颂声为代表的一些留学回来的中国建筑师事务所也设计了一批新古典主义建筑作品。例如由贝寿同和关颂声合作设计的北京大陆银行（1924）展现了现代古典主义建筑风格，反映了建筑师在国外所受到的布杂式[①]教育影响。在他们看来，吸收并接纳西方传统建筑比沿袭中国传统建筑的表现形式来得容易得多，前者只需要模仿，后者则需要潜移默化。这一风格中的建筑师还包括朱彬和杨廷宝，他们以各自的设计思想和实践行动推进中国建筑现代化的进程。随着不同风格的交汇，他们也尝试践行中国民族的建筑语言。

一些外国建筑师也以自己的创作实践推动中国建筑向正统的现代主义方向发展，并很快地演变成为国际风格。捷克斯洛伐克建筑师邬达克是这一潮流中颇具影响的代表人物。以 20 世纪 30 年代严公馆为例。这是一栋纯粹的现代主义建筑，建筑立面墙体、窗框与阳台的对称性被楼梯和一直伸展到屋顶平台上的楼梯间的不对称排列所打破。新材料的运用、不对称元素的使用，所有这些直接而大胆的现代建筑语汇被频繁运用在其他建筑作品中，譬如建成于 1933 年的上海大光明电影院以及 1934 年设计的国际饭店，无不显示现代建筑的品格。

与上述较为激进的现代主义创作道路不同的是另外一种所谓折中主义的现代建筑，它体现出的设计思想与表达方式对于 20 世纪的中国现代建筑的发展也有其存在的价值意义。这一学派的代表人物是美国的墨菲，加拿大的

① 布杂式建筑教育体系建立于 1819 年的法国，它有一套完整的建筑法则，一方面重视制图规则、建筑史论、设计美学，另一方面坚守科技与人文精神融通的教育传统，以唯美加严谨的学术风范在欧美产生广泛影响。

何西，中国的吕彦直、董大西、林克明等人。他们认为应当从中国建筑固有的形式出发，当需满足一些特殊需要的时候可以引进一些外国的元素，这样才能创作出现代的中国民族建筑。这便是“中学为体，西学为用”设计思想。墨菲希望使中国现代建筑成为活的形式，这种形式可以反映时代的变化，正如西方古典建筑从严谨的希腊式、炫耀的罗马式到灵活的文艺复兴式的变化过程一样。在墨菲看来，现代建筑功能对建筑的层数提出了新的要求，但是按照中国传统的建筑营造法式，他最多将原来的单层建筑加高到两三层，而大体量的高层则无能为力。墨菲的代表作是金陵女子文理学院（现南京师范大学，1918 年—1923 年建成）和燕京大学（现北京大学，1918 年—1927 年建成）建筑。金陵女子文理学院坐落在紫金山脚下的平原地带，优越的地理位置使校园能够最大限度地获得日照，而且远离恶劣气候的困扰，同时宿舍也可以被安排在与校区隔离的地带。校园内大多是两三层的折中主义中式建筑。这些建筑使用加强混凝土一类的现代建筑材料，借助斗拱塑造出传统中国建筑挑檐样式。这种设计手法清晰地表明中西“体用二分”设计思想。墨菲在燕京大学校园设计了六栋混凝土折中主义中式建筑。在这组建筑群中，四方的院落随处可见。墨菲在临近清华学校片区创建了一处具有中国特色的建筑是一座 13 层的明式宝塔形的水塔，他希望自己设计建造的建筑作品能成为中国现代建筑的典范。但它们的“通病则全在对于中国建筑权衡结构缺乏基本的认识的一点上，他们均注重外形的模仿，而不顾中外结构之异同处，所采用的四角翘起的中国式屋顶，勉强生硬的加在一座洋楼上，其上下结构截然不同旨趣，除却琉璃瓦本具显然代表中国艺术特征外，其他可以说是仍为西洋建筑[①]”

在这一段时间，来自多伦多的建筑师何西成为墨菲在创作中国化现代建筑方面的诤友。何西的主要作品是北京协和医学院（1916—1918），该建筑被赋予强烈的中国风格。吕彦直设计的中山陵（1925）和中山纪念堂

① 梁思成、刘致平：《建筑设计参考图集·序言》，中国营造学社 1936 年版。

（1926）、董大酉设计的江湾上海市政府大楼（1933）以及1930年—1935年林克明设计的中山大学校园（现华南理工大学）都是这类建筑代表。

20世纪前30年在西方世界出现的新古典主义建筑思想被一大批中国建筑师带回本土，由此形成了处理传统与现代问题的第三种设计思想与表达方式，即转变原有的"体""用"的观念，"体"不再单单指传统建筑的形式。在这些建筑师当中最引人注目的是杨廷宝。杨廷宝1927年从美国宾夕法尼亚大学学成回国后，他懂得继承古典主义建筑精髓，懂得尊重历史文脉并娴熟地运用设计技巧，而且有过北京天坛等古典建筑保护与调查经验体会，故清华大学校园（1930）、南京综合体育馆（1931）、南京中央医院（1933）等作品上乘。

此外，1931年由李锦沛、范文照、赵深等设计的上海基督青年会和大新公司总部是东西方建筑风格相结合的成功尝试。1933年的南京外交部大楼（现为江苏省人大常委会）由一群建筑师联合设计，设计师们试图发展一种不包括大屋顶在内的新的中国现代建筑作品。从表面上来看，这些建筑是西方现代建筑构成与空间布局原则同中国建筑元素结合的产物。

中国传统建筑走向现代的这些设计思想与表达方式与其说是一种特定的建筑设计手法，倒不如说体现了设计者对中国建筑传统的全面理解以及为了保护和记录它们的存在而进行的努力。加之建筑考古发掘激发了人们对建筑遗产的自豪情怀与对其历史价值再认识。这一倾向的代表人物是梁思成和刘敦桢。他们注重研究中国传统建筑的历史渊源与艺术创造特征及文化意义并辑录《中国建筑艺术图集》以作为探索富有中国民族特色的现代建筑艺术发展道路的文化基础与历史参照，因为"中国的文化从来都是赓续的，中国的建筑在中国整个环境总影响下，虽各个时代有时代的特征，其基本的方法及原则却始终一贯"。[①] 这便是中国建筑的基本特质及其与国际接轨的先决条件与基础，因为当时世界现代建筑最新的建筑构架法与中国固有建筑的构架法

① 梁思成、刘致平：《建筑设计参考图集·序言》，中国营造学社1936年版。

所有材料虽不尽相同，但基本原则则是一样——都是先立骨架，然后加墙壁。东西方两种不同时代不同文化背景下的建筑艺术竟然如此融洽类似，均因建筑结构本质使然。这正是推动中国传统建筑在新的历史情形下因新科学、材料、结构而强盛更生的大好时机。不无遗憾的是 20 世纪 30 年代中后期抗日战争的爆发致使中国现代建筑发展的步伐中止，直到 20 世纪 40 年代后期，真正的中国现代建筑才再次在中国大地上萌生、发展。更为遗憾的是历史在“1949 年翻开了中国现代史新的一页但没有翻开文艺史的新篇章”。①

20 世纪 50 年代，中国的现代建筑继向苏联一边倒，接着又批判苏联带有明显的西方现代派构成主义之后，中国建筑界有过一场关于是否要现代建筑的激烈争鸣。② 当时的历史情形是城市功能性布局与工业化建设被中国建筑业普遍使用。较有影响的是由华揽洪、杨廷宝设计的北京和平宾馆（1952）、北京儿童医院住院部（1955）。这两座建筑以先进的功能性、经济性以及简洁优雅的外形成为当时引人注目的现代建筑。但是后来则受到质疑与批判。随着 1957 年反右倾、1958 年的“大跃进”等政治运动的影响，现代建筑在中国举步维艰。

1959 年，当时的建筑工程部与中国建筑学会在上海召开的关于居住建筑标准的研讨会上，时任建工部部长的刘秀峰作了题为《创造中国的社会主义的建筑新风格》的报告，明确提出了要注意建筑艺术的问题，并仍然以 1955 年国家提出的以“实用、经济和在可能条件下注意美观”作为建筑创作方针与衡量建筑的尺度。尽管刘秀峰强调要“从中国传统中发展和蜕化出来，利用现代的物质技术条件吸取古今中外建筑上的一切好的东西，消化而成为文

① 李泽厚：《中国现代思想史论》，东方出版社 1987 年版，第 247 页。
② 杨永生编：《1955—1957 建筑百家争鸣史料》，知识产权出版社、中国水利水电出版社 2003 年版。在该书中，编者杨永生辑录了三篇有关要不要现代建筑的文章，即蒋维泓、金志强 1956 年发表于《建筑学报》第 9 期的《我们要现代建筑》；王德千、张世政、巴世杰 1956 年发表于《建筑学报》第 6 期的《对“我们要现代建筑”一文的意见》；朱育琳 1957 年发表于《建筑学报》第 4 期的《对“对‘我们要现代建筑’一文意见”的意见》。这三篇关于现代建筑学术争鸣的文章在当时的建筑学界引起关注，给人留下深刻的印象。

明自己的东西，看上去既非中国古典的，又非西洋的，而是中国的社会主义的具有民族特点的新风格、新形式”。尽管主观愿望无可厚非，但在这样的建筑思想方针指导下，囿于当时客观历史现实和政治运动的制约，此后的中国建筑创作以一种命题作文的方式凸现。因“实用、经济和在可能条件下注意美观”观点仅能是思想方针，而不是专业的建筑设计美学思想，致使当建筑师尝试要将建筑设计思想和社会赋予的责任感落实到实践中去时，他们的工作就变得非常困难，要沿着预定方向统一前进就更难以实现。至于将文学艺术性的“社会主义内容和民族形式相结合”口号作为建筑设计思想原则来指导建筑创作实践更是远离了建筑本体。

这个时期建筑创作的顶峰无疑是为中华人民共和国成立 10 周年献礼的人民大会堂、中国革命和中国历史博物馆、北京火车站、工人体育馆、全国农业展览馆、北京民族文化宫、北京民族饭店、中国人民革命军事博物馆等十大建筑工程。很显然，这一举措是为了向世界各族人民展示中国新的社会主义民族建筑的杰出成就。十大建筑作为中国现代建筑成就与水准的展示，反映了中华人民共和国成立 10 年来对建筑的理性思考模式，从中国传统和外来影响中汲取精华，也充分体现了对功能、材料和结构的尊重以及体用的融合，同时显示出“解放了的中国人民的英雄气概和奋勇前进的精神，是特殊的政治性建筑”。①

20 世纪 60 年代初的中国建筑创作依然在坚持不懈地寻找更坚实的文化根基和更恰当的社会主义形式，即便是在极端的建筑革命情形下，正统的现代建筑创作手法依然被广泛应用，建筑师对其功能需求以及对新技术和新建造方式应用表仍然有极大的兴趣。例如熊明、孙秉源、郁彦、虞家锡设计的北京工人体育馆在国内首次使用悬索结构创造出一个直径 94 米的观众大厅，与此形成对比的有戴念慈设计的中国美术馆，这个由政府高度参与的作品竟

① 《创造中国的社会主义的建筑新风格》为刘秀峰在 1959 年上海召开的“住宅建设标准及建筑艺术座谈会”上的总结发言，载《建筑学报》，1959 年 Z1 期。

然再一次沿用了曾经在50年代遭受严厉批判的大屋顶样式，其建筑平整的外墙和现代材料及技艺均富有现代感。

自此之后乃至20世纪70年代末，随着“文化大革命”带来的文化历史灾难，中国现代建筑设计思想探索与实践遭受步履维艰的厄运，以从设计思想、设计内容、设计方法以及从技术理论到技术规范、管理制度自上而下的“设计革命”的非建筑、非科学的建筑设计思想引导符合多快好省总路线的设计道路，使得设计队伍与设计工作全面走向革命化，成为当时的领导决策，政治思维取代技术与学术，[①]城乡建设套用“干打垒”模式，仅有民用住宅基建和工业厂房建设沿袭现代建筑的基本技艺。这印证中国现代建筑设计思想及其实践在20世纪的中国政治、经济、文化环境中匪夷所思的命运及特殊意义。其一是尽管西方现代建筑思想屡次遭到批判，但是中国从来就没有完全间断现代建筑的践行。其二是即便是“文化大革命”及其余波使得整个国家陷于极度的贫困的状况下，节约型、经济型现代性建筑仍然能满足当时中国对生产与生活的要求。其三是中国现代建筑的公共建筑功能与类型，例如交通站、体育设施以及大型的宾馆建筑如果不采用现代建筑形式是不可能实施的。现代建筑作为一种国际性的建筑文化运动顺应历史潮流发展趋势影响所到之处的任何地方均能隔而不绝。

20世纪中国现代建筑设计思想及其实践真正发生质的变化与飞跃则是八九十年代改革开放政策实行后，东西方政治、经济、文化、技术交流与对话形成新时期之后的事，在多元的文化交融与碰撞以及自由与自觉的艺术追求中，中国现代建筑的功能、形式、技术、类型、风格均呈现出五彩缤纷的绚丽色彩。中国的建筑也迎来了前所未有的历史机遇，伴随着城乡现代化建设的推行，中国的现代建筑兴建热潮高涨，在大江南北无不呈现出雨后春笋般的蓬勃生机景象，可谓繁荣昌盛。但是在这一繁荣昌盛的表象背后，若从建筑设计思想制约与文化历史影响的角度审视这一繁复的场面的话，我们能够

① 邹德侬等著：《中国现代建筑史》，机械工业出版社2003年版，第83页。

感觉到其中隐含着令人质疑的系列问题，诸如，为什么拥有那么多的历史文化名城的中国城市会出现千城一面的大一统局面？中国乡镇建筑的特色为什么正趋于消失或正在消失的状态？欧陆风的建筑样式为什么在富有地域性文化特色的中国民居居住地得以蔚然成风？中国的建筑师为什么在大型的标志性建筑设计竞标中总是输给境外的建筑师？作为全民并不富有的发展中国家的中国为什么屡见不鲜地建设诸多超大超高超负荷的顶级与超高层建筑？一些不符合历史文化环境的标志性建筑为什么屡屡能够在异质的文化环境中拔地而起？为什么大量的城镇房产业的蓬勃发展而导致诸多居民无力获得居住空间的悖论现象？崇洋媚外、急功近利、拜金主义、不规范的市场经济运作、缺乏素养以及科技意识与文化环境意识淡薄等因素恐怕是过错与失策的重要原因，但根本的原因当是对中外建筑文化历史及其建筑设计思想的食而不化所造成的，以致在匆匆忙忙的建筑设计实践过程中始终没有形成自己的建筑设计思想与践行方式，其结果只能是依靠集仿主义的方式与抄袭的手段在大好的建筑市场中重复地做简单的机械操作，毫无原创的建筑精神可张扬。诚如恩格斯所说“没有理性思维的民族文化是无望的”，建筑亦然。

其实，中国古代建筑不仅有着将建筑、城市、园林视为同一整体的广义建筑学的传统[①]，而且崇尚人为环境与自然环境融合的有机建筑哲理[②]，讲究建筑的审美情态与建构形态及文化生态的结合，中国建筑素来不以单体建筑的精雕细刻为要，而是注重彼此协调及与环境融洽。好在刘家琨（地域文化建筑倾向）、赵冰（中国主义建筑观）、汤桦（都市的历史文化情结）、王澍（东方人文的诗意表达）等先锋建筑师禀赋历史文化使命，及时以其富有中国特质的建筑设计思想及其因地制宜的试验探索精神创建出建筑佳作，以作为中国现代建筑设计思想的凸显，刘家琨的成都犀苑休闲营地、赵冰的南宁新商业中心、王澍的宁波美术馆、汤桦的深圳南油文化中心等原创性的建筑作品

① 参见吴良镛《广义建筑学》，清华大学出版社 1989 年版。
② 杨鸿勋：《一座城市是一座建筑：东西方智慧的圆满》，《华中建筑》2005 年第 6 期。

莫不如是。这些先锋建筑的共同特色是“把本土建筑发展的生存焦虑和对西方建筑理论思想的解构批判同时加以思考，来寻求当代中国建筑思想定位”。[①]其价值不在于有多少作品问世而在于探索的意义。从 20 世纪初先驱到 20 世纪 80 年代的先锋，真的先锋一如既往，其创新意识成为合规律与合目的建筑美的规律的导向。

已故翻译家兼文化学者傅雷在 1932 年的《艺术旬刊》上发表过一篇题为《现代中国艺术之恐慌》的文章中说道：“中国经过了玄妙高迈的艺术光耀着的往昔，如今反而在固执地追求西方已经厌倦、正要唾弃的物质，这是何等可悲的事，然也是无可抵抗的命运之力在主宰着。”我觉得梁思成 80 年前说的话仍然没有过时，他说希望中国的建筑师要“自己把定了舵，向一定的目标走，共同努力地为中国创造新建筑，不宜再走模仿外国人的路，应该认真地研究了解中国建筑的构架、组织及各部做法权衡等，始不至于落抄袭外表皮毛之讥。”[②]

三、改革开放 40 年中国建筑艺术的发展历程与历史反思

自 1978 年中共中央十一届三中全会后，中国实行自上而下的全面改革开放政策，国家工作的重点由过去侧重于一拨又一拨的国内外的政治运动转向政治、经济、文化以及社会主义现代建设的正常轨道上来，各行各业无不取得辉煌的业绩。至今已逾 40 载，各行各业纷纷予以总结取得的成绩与历史经验教训。元代李格非《书洛阳名园记后》曰：“天下之治乱，候于洛阳之盛衰而知；洛阳之盛衰，候于园囿之废兴而得。”作为物质与精神的双重载体且印证国家政治经济文化兴旺发达发展变化的建筑更需要总结其中的得失与历史教训。1978 年—2018 年中国改革开放 40 年间，中国的政治、经济、文化发

---

① 饶小军：《试验建筑：一种观念性的探索》，《时代建筑》2000 年第 2 期。
② 梁思成、刘致平：《建筑设计参考图集 · 序言》，中国营造学社 1936 年版。

展顺应势不可当的历史潮流可谓实行了三个重大的历史转型：一是由国有计划经济向市场经济转向，中国的建筑艺术因此进入一个前所未有的体制改革之后的建筑设计市场；二是中国加入 WTO 世贸组织，中国建筑设计市场随之而向全球化转型，引来了大量外国建筑设计单位和建筑师以及留学外国的华夏赤子以海归派之姿态纷纷回归故里并共同在建筑艺术设计与创作的市场上与中外建筑师竞相施展聪明才智与理想抱负，中国已然成为世界最大的建筑设计竞标市场而令举世瞩目；三是中国在现代工业社会发展尚未充分的情况下不得不迈入后工业信息社会甚至后现代历史文化语境中。中国建筑业改革开放 40 年间始终伴随“地域性建筑”和“现代性建筑”矛盾与冲突双重变奏。从中国建筑艺术创新发展变化的视角，围绕中国建筑艺术在改革开放 40 年中外建筑文化冲突与交融的风雨历程及千载难逢的历史际遇中所呈现的三个阶段——拨乱反正与改革开放策略（1978—1989）、计划经济向市场经济转型（1990—1999）、新千年初的城乡建筑趋势（2000—2018）以及改革开放以来中国实验建筑理论与实践探索的价值意义、建筑艺术发展历史反思等方面情状的具体演变过程予以述评，并同时从理论与实践两个层面反思中国建筑艺术在改革开放 40 年中取得的丰硕成果与宝贵的经验教训，以此诉诸中国的建筑从业人在 21 世纪漫长的峥嵘岁月中策应建筑艺术历史创新与发展的新要求，以提供历史参照。

1978 年 3 月 18 日，标举“科学技术是生产力”的全国科学大会在北京隆重召开，意味着中国实行改革开放迈向现代化道路的第一个科学的春天的到来。1978 年 12 月中共中央十一届三中全会在北京召开，决定 1979 年全党工作的重心转移到经济和建设工作上来。1979 年全国勘察设计工作会议在北京召开，推翻“文革”期间对建筑的一切污蔑不实之词，并对建筑行业提出“繁荣建筑创作”的口号。1980 年中国建筑学会第五次代表大会的召开正式结束了建筑中拨乱反正的过程，实施改革开放的方针政策，建筑设计体制由计划经济转向市场机制，建筑项目的确定、投资、招标、监管等全面改革。中国建筑业迎来了历史上前所未有的蓬勃发展的大好时机，这也是建筑业的春天的到来，如雨后春笋般的建筑在华夏大地生起。从 1978 年—2018 年 40 年间，中国建筑艺术在“改革开放、解放思想、团结一致向前看”思想方针指导下，在中外建筑文化冲突与交融历程及千载难逢的际遇中创造了举世瞩目的辉煌业绩。“地域性建筑”的本色与世界接轨的“现代性建筑”并存的建筑艺术创作显示出人的本质力量对象化的旺盛的创造力，这一特定历史时期创造的辉煌业绩已经载入中国现代建筑的史册。当然这当中也有诸多应从中汲取历史经验教训并当引以反思与过妄纠正的不足之处。往者不可谏，来者犹可追。回眸 40 年中国建筑艺术发展历程并予以反思则是责无旁贷的。

（一）中国改革开放四十年建筑艺术的发展历程（1978—2018）

1. 拨乱反正与改革开放策略（1978—1989）

1978 年以后，中国的改革开放、经济的繁荣、政治环境的宽松、思想束缚得以解脱，加之国际国内的文化交流，建筑师面临着前所未有的创作机遇，焕发出极大的创作活力。建筑教育、建筑理论研究、建筑设计竞赛以及优秀建筑作品的评选等举措无一不为建筑创作提供了后备的人才，从而加速推动着建筑创作的发展进程。此外，回顾我国多年来对古典建筑、传统园林、地方民居等丰富遗产的继承与发展，无论是从深度还是广度方面都大大地推进了，从建筑形式、风格，继而对传统空间、布局特征的认识以及规律性的探讨，加之，在开放的进程中，对照中西文化的比较研究，使得建筑师面对多元的传统文化以及同样多元的外来文化，有可能做出多样的选择、调配与组织，从输入新思想与重新选择传统式这一过程的出入自如。这个时期的建筑创作构思、理论倾向、建筑评论等方面围绕传统与创新这一根本问题上，着眼于一种新的角度，用一种新的眼光在现代化与传统的关系上来反观传统、选择传统，既使传统的形式、内容与现代化功能技术相融合，又使传统审美意识赋予时代的气息，20 世纪 80 年代的建筑创作正是从这样的自我调整的过程中起步，在拨乱反正中革故鼎新。

首先是建筑艺术创新发展全面提高并多元并存。20 世纪 80 年代以来，建筑艺术创作的发展涉及面之广、类型之多、规模之大，在历史上是空前的。不仅在多种公共建筑类型上，而且在城市工业建筑、小区居住建筑，无论是从层数，底层、多层以至高层、超高层的建筑，或是开放、沿海大城市以及内陆中小城镇、少数民族地区，到处都展现了新的面貌、新的风格、新的水平。如果从多种意义、多种流派来划分中国现代建筑的多样风格，或是从传统、从环境、从地方特色展现多彩的局面，再或是从创作手法的借鉴或是显示现代科技成就等，似乎都可以得到一种共识，这是一个多元并存、百花齐放的时代，佳作、精品不胜枚举。有人比喻旅馆建筑为建筑创作的报春花，在高层建筑中以其功能的多样、空间组合的丰富、造型的独特个性为城市带来风采，如北京国际饭店、上海宾馆、广州白天鹅宾馆、深圳海南大酒店，等等。从单一购物功能的百货商店发展到集购物、逛街、餐饮、娱乐于一体的大型综合商场，标志着城市经济的繁荣以及人民生活水平的提高，如上海的新世界商场、八佰伴，北京的城乡贸易中心、西单商场、新东安市场等，以及在各城市纷纷建筑的步行街、商业城等。科教兴国的战略极大地推动了我国的教育事业发展，新建、扩建的大中小学、科研机构、图书馆等建筑在 20 世纪 80 年代以来的建筑史上也记录下浓浓的一笔。如集中投资、统一规划、统一建成、建设速度快的高等院校，例如中国矿业大学、深圳大学、烟台大学，等等。图书馆设计在打破传统专事“借、藏、阅”的功能分割布局，以“三统一”同层高、同荷载、同柱网的开放式新的手法，使得图书馆在功能上、内部空间上，为信息化、网络化更具灵活性。清华大学图书馆的再次扩建，因融合环境、尊重历史、注重现代功能而获得好评。新一代的体育建筑、展览建筑、交通建筑等融合了高科技的成果和时代最新信息，在造型上充分体现时代感，如上海体育场、北京亚运会体育场、深圳体育馆、北京与哈尔滨等地的滑冰馆，等等。建筑不断向高度延伸，20 世纪 80 年代深圳崛起的国贸大厦以“三天一层”的建设速度和 54 层 160 米的建筑高度雄踞于全国高层建筑之首。20 世纪 90 年代初深圳、上海又各自以 68 层的地王商业大厦、88 层的金茂大厦，竞相攀高，前者为亚洲第一摩天大厦，后者是以世界第三的商业楼盘，为我国现代高层建筑在 20 世纪后期展现了新的城市标志与景观。

其次是当代中国建筑艺术立足创新发展并兼收并蓄。中国建筑界面对国内外建筑理论、创作实践，从西方现代建筑走过的道路得到借鉴，开拓了思维，丰富了创作手法，在中西方的传统里寻求有形与无形、神似与形似、符号与元素，通过解构与重组、冲撞与融合，兼收并蓄地体现在 20 世纪 80 年代以来的新建筑中，在各城市涌现着有称为"新古典主义""新乡土主义""新民族主义""新现代主义"的代表性建筑。如山东曲阜阙里宾舍、北京国家图书馆新馆、陕西历史博物馆等。建筑师们以对传统深刻的理解、娴熟的技巧，在特定的历史地段及特定的功能要求、特定的条件下进行创新发展，力求呈现中国传统古典建筑文化的底蕴。

20 世纪 80 年代伊始随着改革开放春风，中国建筑市场得以开放与拓展，一批外资、合资与大型项目开始吸引了海外著名机构和建筑师参与中国的建筑设计与创作。从北京建国饭店、长城饭店、香山饭店，南京金陵饭店等，到其他一些规模巨大、标准较高、设施先进的综合体建筑，如上海商城、北京国际贸易中心。他们的创作赋予了作品的时代感与高科技、新材料的运用，通过国外与国内建筑设计院合作的建筑设计与创作，加强了中外建筑事务所彼此之间的文化交流，外国建筑师在中国的实践与创新发展给予中国建筑师以清新的启迪。

最后是融合建筑环境并坚持持续发展的科学观。20 世纪 80 年代以后的中国建筑创作的一个显著的特点是开始着眼于地方文化特色的地域性建筑的创新发展以及注重自然、人文、景观与城市环境的有机融合共生。建筑艺术注意以现代功能、生活为基础融入不同的自然条件，在完善自身的建筑设计情况下，对环境予以优化、汇合着乡土风情，创造新的地域文化。如武夷山庄结合山区自然环境、体形尺度的处理，以"低、散、土"的布局手法，装点着环境。黄山云谷山庄首先以保护自然色调，通过保石、护林、疏溪、导泉，将建筑傍水跨溪，分散合围，使得建筑与自然融合为一体。在新疆、云南、贵州的少数民族地区，以当地传统建筑的语汇，运用现代构成手法，注重突出特有的形、体、线的造型与细部，使得建筑既具有新意，又富有民族特色。如新疆迎宾馆、新疆人民会堂，西藏拉萨饭店，云南楚雄州民族博物馆等。

2. 计划经济向市场经济转型（1990—1999）

1990 年春节期间，邓小平视察上海浦东后回到北京提议中共中央开发浦东，并由此开启中国的计划经济向市场经济转型的又一个新时代，这可以说是中国社会的第二个春天到来。中国的建筑业在 80 年代改革开放 80 年代的基础上步子迈得更大、更快、更猛烈以至成为世界之最。1995 年中国开始实行注册建筑师制度，并于 1997 年正式实行建筑师执业签字制度。注册建筑师制度是对建筑师个人专业资格的规范认证，这对中国建筑市场发展产生深刻影响。另一个突出的表现即是外国建筑师以前所未有的强势步入中国建筑大工地，尽情地施展其能耐。全国性房地产大开发、欧陆风的风靡不止、后现代建筑的中国化、地域性民族风格的争相斗艳。中国成了举世瞩目的大有作为的广阔天地的建筑市场。建筑设计正式步入市场化后，商业化倾向必然成为反映相对突出的方面。从 20 世纪 80 年代后期的北京长城饭店到 90 年代的上海商城建设所占的重要位置，随着建筑设计商业化进程的迅速发展，在加剧设计市场竞争的同时，对建筑设计质量的提高也起到了相当重要的作用，并使得中国建筑创作多元化倾向更加明显。因此在建筑创作进一步商业化的同时，建筑创作呈现出多元化面貌，从而使得后国际式、风格派、新装饰风格、新古典主义、新艺术运动式、新都市主义等国际建筑时尚风靡全国，甚至后殖民主义风格建筑成为中国各大小城市中心显要地区的一道道建筑风景线。

这期间地域性建筑创作取得非常显著的成效，以建筑所处环境、地方文化特征为依据，从而确定建筑自内而外的建筑创新，其中典型的优秀作品有北京香山饭店、山东曲阜阙里宾舍、陕西临潼华清宾舍、敦煌航站楼、九寨沟宾馆、南海酒店等。与此同时，在中国的西部探索民族建筑形式和西部城市特点独具特色，一批优秀的新疆建筑充满伊斯兰以及西域地区民族特色的现代建筑适宜于当地的自然条件，并让不同宗教的文化并存及现代化与地方发展条件并存，例如新疆国际大巴扎具有浓郁的伊斯兰建筑风格以及浓郁风格的吐鲁番宾馆即是。

1999 年 6 月，国际建筑师协会（UIA）第 20 届世界建筑师大会在北京召开，大会科学委员会主任吴良镛作题为“世纪之交展望未来”的主题报告，并发布《北京宪章》，呼吁人类关爱居住地球一致百虑而殊途同归于建筑的生存的基本原理。这也是东方文化再发现，全世界的建筑同人认识到中国建筑注重人为环境与自然环境有机融合的有机建筑原理及人与自然彼此共生的生态建筑的价值意义。毋庸置疑中国建筑成为各国建筑师竞标的国际市场。

3. 新千年初的城乡建筑态势（2000—2018）

2000 年以来，由于北京第 29 届奥运会和 2010 年上海世博会建设需要以及境外建筑设计事务所的大量涌入中国，加之中国的“海归派”回归为中国建筑缔造了新的建筑空间。2001 年中国加入世界贸易组织后，在建筑设计咨询业的对外承诺上为外国建筑师进入中国建筑市场提供保证，中外合作建筑设计就使得建筑设计与创作呈现出多元共存的繁荣状态。犹如引进 NBA 级国际篮球运动员的加入大大提高了中国 CBA 篮球水平一样，与国际优秀建筑设计公司和建筑师合作能够迅速提高国内建筑设计单位和个人的建筑创作的整体水平，并在尽可能短的时间内吸收外国先进的建筑设计方法和管理模式，并不断接触到新的建筑设计理念与思维以提高自身的竞争力，与享有盛名的国际建筑设计机构和建筑师合作既是全球化建筑发展的需要，也是中国建筑走向国际舞台的标志，从而促进中国多元化设计机构的形成。因此 2000 年之后的中国建筑艺术创作日益呈现出多元化的格局，并且建筑设计作品类别更加丰富，许多建成的建筑项目在吸取国外建筑精华的同时呈现出浓厚的地域性文化特色。北京和上海两座国际性的大都市分别假奥运会和世博会为契机创建了国家体育馆鸟巢、国家大剧院、CCTV 中央电视台新址等首都气象的建筑作品以及上海环球金融中心、上海中心大厦等国际都市气派的现代摩天大楼，成为中国、亚洲乃至世界的建筑记录以见证中国经济腾飞。

自 2000 年以来，显而易见地，越来越引人注目的为中国建筑而设计的境外著名建筑师及其作品，诸如保罗·安德鲁的国家大剧院、赫尔佐格·德默隆的鸟巢体育馆、诺曼·福斯特的首都机场 T3 航站楼、贝聿铭的苏州博物馆新馆、SOM 金茂大厦、扎哈·哈迪德的广州歌剧院与北京望京 SOHO 广场、矶崎新的喜马拉雅中心与中央美术学院的美术馆、库哈斯的 CCTV 新台址等建筑显示出高科技、建筑美学与人的深厚情感融合的创新发展趋势。[①] 更为突兀的是超高层建筑在中国的大地上朝气蓬勃地拔地而起，诸如深圳平安国际金融中心（660 米，118 层，2016 年动工，商业酒店写字楼）、武汉绿地中心（636 米，119 层，2016 年动工，商业酒店写字楼）、上海中心大厦（632 米，121 层，2015 年动工，商业酒店写字楼）、深圳平安金融中心（599 米，118 层，办公楼，2017 年建成）、天津高银大厦（597 米，117 层，2014 年动工，商业酒店写字楼）、广州周大福中心（539 米，112 层，2014 年动工，商业酒店写字楼）、天津周大福海滨中心（530 米，97 层，2012 年动工，酒店写字楼）、北京中国至尊大厦（528 米，115 层，2013 年动工，多功能写字楼）、台北 101 大厦（509 米，101 层，2004 年建成，酒店商业写字楼金融中心）、上海环球金融中心（492 米，101 层，2008 年建成）、香港环球贸易中心（484 米，88 层，2009 年建成）、长沙 IFS 大厦（452 米，95 层，2013 年动工，酒店写字楼）、南京绿地广场紫峰大厦（450 米，89 层，2010 年建成）、深圳京基金融中心（441.80 米，100 层，2011 年建成）、广州国际金融中心（441.75 米，103 层，2010 年建成）、上海金茂大厦（420.53 米，88 层，1999 年建成），等等。全球 300 米以上的超高层建筑项目迄今为止有 125 幢，而作为发展中国家的中国竟然占有 78 幢。

进入 21 世纪以来，随着中国的城市建设不断地向高大尚发展以及雄安新

---

① ［美］约翰·奈斯比特：《大趋势——改变我们生活的十个新趋向》，孙道章、路林沙、王金余、赵英琪译，新华出版社 1984 年版，第 53 页。

城区的崛起，近年来备受关注的建筑现象——特色小城镇建设备受关注，让我们拭目以待其蓬勃发展的强劲势头。

（二）中国改革开放四十年建筑艺术创新发展的反思

中国建筑技术集团总建筑师罗隽在《二十年目睹之建筑怪现状》中一针见血地指出中国改革开放 40 年以来的建筑怪现状不外乎有三：怪现状之一是权力膨胀之“贪大”——追求超大的城市规模、追求以政府大楼为中轴的超大广场、追求超面积超标准的办公楼、追求超高超大的建筑体量；怪现状之二是奴颜婢膝地崇洋媚外——凡洋必崇、凡洋必好、山寨媚洋；怪现状之三是价值观丧失之求怪——伊川的裤腰带大门、苏州的大秋裤高楼、沈阳的方圆大厦、石家庄的雕塑饭店、北京的天子酒店与盘古大观等。[①]“贪大、媚洋、求怪”十分猖獗。天津大学中国现代建筑艺术史专家邹德侬在《中国现代建筑艺术论题》中指出当前中国现代建筑有若干负面现象应引以为戒：其一是建筑艺术创造乏力；其二是中国本土建筑理论失语；其三是当代诸多建筑设计与创作脱离建筑本体与现实生活而失去建筑应有的科学意义。[②]建筑设计与创作大师程泰宁在《希望·挑战·策略——当代中国建筑的现状与发展》中指出中国当代建筑艺术当反思如下几个问题——价值判断失衡、跨文化对话失语、体制失范。无视建筑的基本原理与本体及功能而肆意炫耀求高、求大、求洋、求怪从而失去建筑的本质。[③]

由上述建筑大师和建筑史论家的批评启发，我不能不反思中国改革开放 40 年现代建筑艺术发展历程中关涉的几个问题：其一，是执着建筑师因历史使命囿于过于强调艺术性的误区。现代建筑艺术不应该也不仅仅是作为“艺术”为主导存在的，它是由工业化大生产发展导致传统社会迈入现代化后应

① 罗隽：《建筑评论》（第 9 辑），天津大学出版社 2015 年版，第 64—70 页。
② 邹德侬：《中国现代建筑艺术论题》，山东科学技术出版社 2006 年版，第 6 页。
③ 程泰宁：《建筑评论》（第 6 辑），天津大学出版社 2014 年版，第 61—72 页。

运而生的，现代建筑除了出发点与思想与传统建筑不同外，完全离不开材料研发、经济投资、建造程序、施工管理、环境关系等方面整体性的支撑，当然现代建筑也自有其文化艺术属性。我们当下的建筑师更愿意把自己当作“艺术家”，尽管也有一部分建筑师很在意建筑的细节与完成度，但那种在意也基本是立足于完成自己创作的“艺术品”，而不是现代建筑工程技术的本质属性。建筑具有艺术性但不等同于绘画、音乐等艺术。其二，中国是一个资源有限的发展中的国家，应有可持续发展与文化生态的文化关怀意识。其三，后现代语境中的中国建筑不要陷于宁要矛盾性与复杂性的迷宫中，后现代文化的特征是平面感——深度模式削平、断裂感——历史意识消失、凌乱感——主体的消失、复制——原创的消解。复制、抄袭、建筑千篇一律、城市建设千城一面等建筑艺术创作现象比比皆是。其四，非市场规律居高不下的住房价格不断攀涨，距离居者有其屋的基本理想何时能圆梦？

新世纪的十几年是中国城市化加剧发展的十余年，许多城市在这十余年中塑造的面貌将决定这个城市未来百年的面貌。大型公共建筑，尤其是地标性建筑，无疑是城市面貌的重要构成要素。如此广阔的舞台将其称为中国建筑的黄金时代并不为过。但是一个普遍的现象是：多数城市最为重要的公共建筑和大型商业设施基本上都由外国建筑师创作，中国建筑师在这段时间并没有占据自家舞台的主角。例如SOM、KPF、Gensler、ASGG等外国建筑设计事务所几乎垄断了中国地标性超高层建筑，高端商业建筑项目基本被凯里森、捷德、PTKL等所包揽，还有综合性比较强的GMP、福斯特等，可以说中国的建筑市场养活了世界上诸多建筑事务所。中国的城市发展进程晚于西方，建筑方面的学习是不可逾越的过程，但中国的建筑师为此所交的学费是否过于昂贵了？反思这一问题不应该简单地将责任推卸给喜好外方设计的决策者，对建筑设计行业自身的反省可能更加必要。归结起来如下几点不容忽视：其一是“重工程，轻创作”的行业传统；其二缺乏创建性的理论探索；其三是设计一线人才流失严重，建筑师职业寿命短暂；其四是中国的建筑师仅仅是建筑设计师，不同时兼具人文科学与自然科学素养，难以竞争。因此失之东隅，收之桑榆在改革的路上持续加大原创投入并鼓励理论性创新探索、改善建筑师职业的境况和提升行业地位等切实可行的举措是当务之急。

（三）中国改革开放四十年建筑艺术理论探索的反思

20 世纪 80 年代中后期，随着西方建筑思潮与设计思想以及建筑师的大量涌入，在西方历经了近半个世纪实验与磨砺的后现代主义建筑、结构主义建筑、解构主义建筑、新殖民主义建筑、新现代主义建筑、建筑形态学与类型学、新陈代谢与共生建筑等新的设计思想理论与观念如潮水般涌入中国建筑学界，并在中国 20 世纪末期的近二十年时间里几乎逐一被演绎过。《世界建筑》《建筑学报》《新建筑》《建筑师》《华中建筑》《时代建筑》等学术期刊络绎不绝地译介西方新的建筑设计思想和著名建筑师及其作品，年轻的莘莘建筑学子以效法现代西方建筑理论与作品为时尚，各种国际国内的有关现代建筑设计的竞赛因此也予以推波助澜的激励，以至于 1985 年被不同的艺术领域的学者们称为“艺术的观念与方法年”。但因建筑学子们对中外建筑文化历史及其建筑设计思想的食而不化，以至在匆匆忙忙的建筑设计实践过程中始终没有形成自己的建筑设计思想与践行方式，其结果只能是依靠集仿主义的方式与抄袭的手段在大好的建筑市场中重复地做简单的机械操作，毫无原创的建筑精神可张扬。殊不知国外引入的诸多建筑理论与观念均是基于其背后深厚的文化哲学基础，而中国的建筑学子们却没有自己信奉的文化哲学思想，仅能是一阵热乎之后又限于理论贫乏境地。

1959 年 6 月，建筑工程部部长刘秀峰在上海召开的住宅标准及建筑艺术座谈会上作题为《创造中国的社会主义的建筑新风格》报告中说建筑艺术问题是通过建筑的实体表现出的一种艺术，与音乐、戏剧、雕刻、美术、绘画等艺术有共同性，也有自己的特点。建筑的艺术性既表现在功能适用、结构合理上，也表现在形式美观上，即“在适用、经济的条件下尽量做到美观”。这是对维特鲁威《建筑十书》中的“实用坚固美观”的继承与发展，成为新中国长期以来的建筑艺术创作与发展的建筑业方针政策或曰是建筑美学原则指导着实践。

中国的建筑理论研究向来薄弱。东南大学建筑历史与理论专家刘先觉教授主编的《现代建筑理论：建筑结合人文科学自然科学与技术科学的新成就》旨在介绍并阐释西方现代及后现代建筑理论可供参考与借鉴，但不是应用于中国建筑艺术创作实践的理论。[①]2001 年，建筑学家张钦楠与张祖刚牵头组织开展"中国特色的建筑理论框架研究"并结集成书《现代中国文脉下的建筑理论》。[②]但这只是有关现代中国文脉下的建筑理论系统的探索与思考，尚不是实质性的中国现代建筑艺术理论。新中国成立以来，中国的建筑实践与理论探索经过了 70 年磨砺，中国的建筑院校有《城市规划原理》《园林设计原理》作为教材，至今却没有融中西建筑设计思想与实践经验总结于一体的现代化的《建筑设计原理》作为教材在高校使用，这实在是与现实的要求太不相符合。好在有以下建筑学家尚未构成系统的中国现代建筑理论的建筑理念存在，也算是弥补中国现代建筑理论不足的权宜之计。它们是吴良镛融城市与建筑及园林为一体的广义建筑学理论、张钦楠贫资源建造高文明论、何镜堂建筑的地域性与文化性及时代性并提的建筑三论、布正伟建筑自在生成论、顾孟潮有机建筑哲学论、常青传统的城乡风土建筑保护与再生论、王澍新人文主义诗意栖息的建筑论。让我们向他们致敬！

回顾改革开放以来迄今的 40 年期间（1978—2018）的中国建筑艺术走过的波澜壮阔的风雨历程，在某种程度上可以说国际上形形色色的建筑思潮与建筑风格及建筑流派在当代中国有比其他任何国家更为丰富更为全面的实践呈现，以至于目前谈世界现当代建筑的历史情状而不能不论及中国作为世界上最大的建筑设计与创作实验场所的事实。展望中国建筑艺术的未来，掩卷凝思，如果说 20 世纪的建筑先驱经过艰苦卓绝的努力使得世界走向新建筑

① 刘先觉：《现代建筑理论：建筑结合人文科学自然科学与技术科学的新成就》，中国建筑工业出版社 1999 年版。

② 张钦楠、张祖刚主编：《现代中国文脉下的建筑理论》，中国建筑工业出版社 2008 年版。

的话，那么 21 世纪初始后会走向什么样的新建筑呢？那应该是一种环保的、可持续的文化生态建筑，从而走向人为环境与自然环境有机结合的和谐美好的人居环境的诗意境地。天津大学中国现代建筑历史理论专家邹德侬教授说得好——“国家性 + 国际性是永远的建筑艺术方向”。

四、结语

由上述中国现代建筑艺术发展历程与反思，我们应该意识到在中国现代建筑艺术创作实践过程中，高度不是建筑艺术创作的高峰、高潮（城乡建设高潮）不是建筑艺术创作的高峰、高效高速不是建筑艺术创作高峰、高端高级不是建筑艺术创作的高峰、反自然反人类反美学不是建筑艺术创作的高峰、奇奇怪怪的猎奇不是建筑艺术创作高峰，崇洋媚外更不是建筑艺术创作的高峰。中国现代建筑艺术创作高峰当继承优良传统文化，遵循“天人合一”之道，在道法自然中执象而求与立象见意，于有限的时空体验无限的宇宙意识，追求情理交融的和谐境界及虚实相间与审美结合的诗意境界，并在这样的境界中凸显中国建筑崇尚人与自然有机结合的营造哲理和生存智慧，讲究建筑形态与建筑情态及建筑生态（文化生态与自然生态）的和谐共处，诉诸人以物质文明与精神文明及生态文明辩证统一的文化审美意识的新境地。

（崔勇　中国艺术研究院研究员）